Mohammed Kouidri

Le Gravelot à collier interrompu (Charadrius alexandrinus)

Mohammed Kouidri

Le Gravelot à collier interrompu (Charadrius alexandrinus)

Structure de population, phénologie de reproduction et régime alimentaire dans le Chott Ain El Beida, Ouargla, Algérie

Presses Académiques Francophones

Impressum / Mentions légales
Bibliografische Information der Deutschen Nationalbibliothek: Die Deutsche Nationalbibliothek verzeichnet diese Publikation in der Deutschen Nationalbibliografie; detaillierte bibliografische Daten sind im Internet über http://dnb.d-nb.de abrufbar.
Alle in diesem Buch genannten Marken und Produktnamen unterliegen warenzeichen-, marken- oder patentrechtlichem Schutz bzw. sind Warenzeichen oder eingetragene Warenzeichen der jeweiligen Inhaber. Die Wiedergabe von Marken, Produktnamen, Gebrauchsnamen, Handelsnamen, Warenbezeichnungen u.s.w. in diesem Werk berechtigt auch ohne besondere Kennzeichnung nicht zu der Annahme, dass solche Namen im Sinne der Warenzeichen- und Markenschutzgesetzgebung als frei zu betrachten wären und daher von jedermann benutzt werden dürften.

Information bibliographique publiée par la Deutsche Nationalbibliothek: La Deutsche Nationalbibliothek inscrit cette publication à la Deutsche Nationalbibliografie; des données bibliographiques détaillées sont disponibles sur internet à l'adresse http://dnb.d-nb.de.
Toutes marques et noms de produits mentionnés dans ce livre demeurent sous la protection des marques, des marques déposées et des brevets, et sont des marques ou des marques déposées de leurs détenteurs respectifs. L'utilisation des marques, noms de produits, noms communs, noms commerciaux, descriptions de produits, etc. même sans qu'ils soient mentionnés de façon particulière dans ce livre ne signifie en aucune façon que ces noms peuvent être utilisés sans restriction à l'égard de la législation pour la protection des marques et des marques déposées et pourraient donc être utilisés par quiconque.

Coverbild / Photo de couverture: www.ingimage.com

Verlag / Editeur:
Presses Académiques Francophones
ist ein Imprint der / est une marque déposée de
OmniScriptum GmbH & Co. KG
Heinrich-Böcking-Str. 6-8, 66121 Saarbrücken, Deutschland / Allemagne
Email: info@presses-academiques.com

Herstellung: siehe letzte Seite /
Impression: voir la dernière page
ISBN: 978-3-8416-2557-1

Copyright / Droit d'auteur © 2013 OmniScriptum GmbH & Co. KG
Alle Rechte vorbehalten. / Tous droits réservés. Saarbrücken 2013

LE GRAVELOT A COLLIER INTERROMPU (*Charadrius alexandrinus*) Structure de population, phénologie de reproduction et régime alimentaire dans le Chott Ain El Beida, Ouargla, Algérie.

KOUIDRI Mohammed

Dédicaces

A mon père,

A la mémoire de ma mère,

A la mémoire de Yacine Chabi

A ma petite famille.

Avant-propos

L'intérêt essentiel de la présente étude est de démontrer la situation actuelle d'une zone humide d'importance internationale (site Ramsar) et d'expliquer les facteurs prépondérants qui pèsent sur la dynamique des populations d'oiseaux d'eau inféodés à ces types de biotopes. Nous avons suivi les fluctuations des effectifs de l'ensemble des catégories d'oiseaux d'eau présentes dans le site tout en essayant de comprendre leur dynamique, de voir leurs statuts et de déterminer les causes principales de perturbation au cours et en d'hors de la période de reproduction des espèces.

Cet ouvrage s'inscrit aussi dans le cadre d'une coopération entre l'université Kasdi Merbah d'Ouargla et l'université Badji Mokhtar d'Annaba (Algérie). Il a fait l'objet d'un mémoire de Magister sous la direction du défunt Professeur Chabi Yassine qui a initié une série de travaux sur la biologie de la reproduction des oiseaux dans l'Est algérien.

Je tiens à exprimer ma reconnaissance aux spécialistes qui ont examiné ce travail à savoir Messieurs, M-L. Ouakid, A-H Chelloufi, S. Benyacoub, M.D. Ould El Hadj et Mesdames, N. Rouag-Ziane et S. Bissati.

Cette étude est basée sur un travail de terrain qui n'aurait jamais vu le jour sans le concours d'un grand nombre de personnes qui se sont mobilisées, Messieurs : Dr. A.E. Adamou et Dr. A-H. Bouzid, F. Benbrahim, B. Bekkoucha, M. Belaroussi, A.H. Idder et Mlle F. Seddiki.

Résumé - Notre étude a été réalisée entre deux années consécutives (2004 – 2005), entre le mois d'avril et le mois de juillet dans le Chott d'Aïn El Beïda (Ouargla), Nous avons procédé à analyser la structure du peuplement avien, à étudier la phénologie de la reproduction du Gravelot à collier interrompu (*Charadrius alexandrinus*) et à analyser le régime alimentaire de cette espèce. Les résultats obtenus de l'étude de la structure du peuplement avien ont permis de mettre en évidence la valeur écologique de la zone d'étude d'une part, de donner un aperçu sur les facteurs de fluctuation du peuplement existant, ainsi que la place occupée par l'espèce étudiée dans le peuplement du Chott. Nous avons pu recenser 76 espèces d'oiseaux dominés par les oiseaux d'eau. Le Chott d'Aïn El Beïda offre de bonnes conditions aux espèces nicheuses, en particulier le Gravelot à collier interrompu. Deux populations de cette espèce ont été observées, la première une sédentaire et une autre migratrice qui arrive au site à la fin de l'hiver pour nicher.

La date de ponte du Gravelot à collier interrompu a commencé le début du mois d'avril et s'est achevée à la mi-juin. La grandeur de ponte varie de 1 à 3 œufs. L'incubation commence après la ponte du deuxième œuf et dure 28 jours. Le succès de la reproduction atteint 86 %. Il est affecté par de différents facteurs d'échec (prédation, remontée du niveau d'eau, stérilité, …). Le suivi des paramètres morphométriques des poussins et des adultes n'a pas montré de différences avec ceux de la bibliographie régionale. Le régime alimentaire des poussins et des adultes a montré que cette espèce s'alimente essentiellement des invertébrés avec la dominance des Diptères.

Cette étude a permis de visualiser l'importance du Chott d'Aïn El Beïda pour l'avifaune, de connaître les facteurs limitants de l'existence des populations d'oiseaux et les principaux facteurs qui menacent leur existence.

Mots clés :   Chott Aïn El Beïda, *Charadrius alexandrinus*, Peuplement avien, Phénologie de la reproduction, paramètres morphometriques, Régime alimentaire.

SOMMAIRE

INTRODUCTION GENERALE.. 09

CHAPITRE 1. DESCRIPTION DE LA REGION D'ETUDE 13

1. Présentation de la zone d'étude.. 13
   1.1. Relief 14
   1.2. Pédologie.. 14
   1.3. Géologie 15
   1.4. Réseaux hydrographiques 15
   1.5. Caractères climatiques 16
      1.5.1. Température et insolation... 16
      1.5.2. Pluviosité 17
      1.5.3. Evapotranspiration et humidité... 18
      1.5.4. Vent 18
   1.6. Bioclimat et végétation 19
2. Sites échantillonnés.. 22
   2.1. Description du site d'étude... 23
      2.1.1. Pédologie.. 25
      2.1.2. Hydrographie.. 25
      2.1.3. Facteurs anthropiques... 27
      2.1.4. Flore.. 27
      2.1.5. Faune 30
3. Modèle biologique.. 32

CHAPITRE 2. METHODOLOGIE D'ETUDE 35

1. Méthodes d'échantillonnage des oiseaux 35
   1.1. Etude de la structure du peuplement du Chott d'Aïn El Beïda............ 35

1.1.1. Dénombrement de l'avifaune.. 35
1.1.1.1. Méthode d'évaluation absolue des effectifs........................... 36
1.1.1.2. Méthode d'estimation des effectifs 36
1.1.2. Plan d'échantillonnage.. 36
1.1.3. Analyse de la structure du peuplement................................... 37
1.1.3.1. Richesse totale (S) et moyenne (s) 38
1.1.3.2. Constance.. 38
1.1.3.3. Indice de diversité de Shannon.. 39
1.1.3.4. Equitabilité 39
1.1.3.5. Dominance... 39
2. Etude de la phénologie de la reproduction et du régime alimentaire du Gravelot à collier interrompu... 40
2.1. Phénologie de la reproduction.. 40
3. Méthode d'estimation qualitative d'invertébrés................................ 42
3.1. Filet fauchoir 42
3.2. Pots Barber 42
3.3. Piège adhésifs 42
3.4. Méthode biologique.. 43
3.5. Conservation des échantillons.. 43
4. Etude de la structure du régime alimentaire..................................... 43
4.1. Contenus stomacaux... 44
4.2. Observation directe... 44
5. Analyse statistique des données.. 45

CHAPITRE 3. ANALYSE DE LA STRUCTURE DU PEUPLEMENT AVIEN DU CHOTT D'AÏN EL BEÏDA... 47

1. Description du peuplement.. 47
1.1. Richesse totale (S) et moyenne (s) 56
1.2. Constance.. 57
1.3. Diversité 60

1.4. Equitabilité 60

1.5. Dominance 61

1.6. Impact des fluctuations du niveau d'eau sur la structure du peuplement du Chott 62

CHAPITRE 4. PHENOLOGIE DE LA REPRODUCTION DU GRAVELOT A COLLIER INTERROMPU 67

1. Caractéristiques des colonies 67

1.1. Densités des colonies 67

1.2. Caractéristiques des nids 69

1.3. Mensurations des nids 71

2. Paramètres de la reproduction du Gravelot à collier interrompu 72

2.1. Date de ponte 72

2.2. Intervalle de ponte 73

2.3. Grandeur de ponte 74

2.4. Dimensions des œufs 75

2.5. Durée d'incubation 76

2.6. Date d'éclosion 77

2.7. Intervalle d'éclosion 78

2.8. Succès de la reproduction 78

2.9. Caractérisations morphométriques des adultes et des poussins 79

2.9.1. Masse 79

2.9.2. Bec total 79

2.9.3. Culmen 80

2.9.4. Tarsométatarse 81

2.9.5. Aile 81

2.9.6. Envergure 82

CHAPITRE 5. ETUDE DE LA COMPOSITION ET DE LA STRUCTURE DU REGIME ALIMENTAIRE DU GRAVELOT A COLLIER INTERROMPU 84

1. Inventaire des invertébrés 84

2. Composition et structure du régime alimentaire des adultes et des poussins.. 86

CHAPITRE 6. DISCUSSION GENERALE... 89

CONCLUSION GENERALE.. 99

REFERENCES BIBLIOGRAPHIQUES... 101

ANNEXES 114

INTRODUCTION GENERALE

Les zones humides sont très importantes pour les fonctions écologiques qu'elles remplissent ainsi que pour leur flore et leur faune riches et diverses. Ce sont des zones de transition entre milieux terrestres et milieux aquatiques proprement dits. Elles se distinguent par des sols hydromorphes, et/ou une végétation dominante composée de plantes hygrophiles au moins pendant une partie de l'année (Grosclaude, 1999). Elles nourrissent et/ou abritent de façon continue ou momentanée des espèces animales inféodées à ces espaces. Elles ont aussi pour l'homme, une grande valeur économique, culturelle et scientifique.

Ces zones ont pris une importance mondiale depuis la convention adoptée en 1971 à Ramsar (Iran). Cette Convention sert de cadre à la coopération internationale pour la conservation et l'utilisation rationnelle des ressources des zones humides et de la diversité biologique. Au sens de la Convention (SCR, 2004), les zones humides sont définies comme des étendues de marais, de fagnes, de tourbières ou d'eaux naturelles ou artificielles, permanentes ou temporaires, où l'eau est stagnante ou courante, douce, saumâtre ou salée, y compris des étendues d'eau marine dont la profondeur à marée basse n'excède pas six mètres. La Convention s'applique également aux zones humides artificielles telles que les rizières et les réservoirs (SCR, 2004).

Depuis son adhésion en 1982, l'Algérie attache une grande importance à la mise en œuvre de la Convention de Ramsar. On compte actuellement plus de 26 sites officiellement classés (SCR, 2004) en plus de seize autres sites proposés au classement.

Plusieurs critères sont pris en considération pour classer les zones humides d'importance internationale, parmi lesquels celui qui tient compte des Oiseaux d'eau. Ce critère d'identification indique qu'une zone humide devrait être considérée comme un site d'importance internationale si elle abrite habituellement 1% des individus d'une population d'une espèce ou de sous-espèce d'oiseau d'eau (SCR, 2004). En Algérie et malgré leur importance elles restent très peu étudiées et mal exploitées. Si les zones humides littorales sont relativement bien étudiées, celles des régions arides restent très peu connues.

Le Chott d'Aïn El Beïda situé dans la cuvette d'Ouargla au sud-est de l'Algérie est une zone humide de grande valeur écologique pour plusieurs espèces d'oiseaux d'eau dont la plus importante est le Flamant rose (*Phoenicopterus ruber roseus* Linné, 1758*)* qui répond au critère de classification des zones humides d'importance internationale (Bellatrèche et Lellouchi, 2002).

Elle présente une remarquable diversité floristique et faunistique, c'est le site le plus riche en espèces d'oiseaux d'eau dans la région d'Ouargla (Bellatrèche et Lellouchi, 2002). La flore est dominée d'halophytes spécifiques à ces types de milieux de forte salinité, mêlés à une flore hygrophile des surfaces submergées. Elle reçoit également des éléments de l'écosystème contigu « la palmeraie d'El Chott ».

Parmi les êtres vivants, les oiseaux d'eau représentent le modèle le plus utilisé pour étudier et comprendre le fonctionnement des écosystèmes humides. Pourtant, en dehors des relevés hivernaux réalisés par la direction des forêts de la région d'Ouargla et de l'inventaire des oiseaux de Bekkoucha (2002), nous ne pouvons citer que l'étude de Bouzid (2003) sur la bioécologie des oiseaux d'eau dans le Chott d'Aïn El Beïda et d'Oum Raneb. Ces travaux malgré leur importance, restent insuffisants pour un site riche et diversifié comme celui d'Aïn El Beïda. Ce qui nous a motivés à entreprendre une étude sur l'une des principales composantes de cet écosystème.

Nous avons jugé utile d'entamer l'étude de l'une des espèces nicheuses, sédentaires et les plus abondantes qui affectionnent le Chott d'Aïn El Beïda, le Gravelot à collier interrompu (*Charadrius alexandrinus* Linné, 1758). Cette espèce cosmopolite, par sa plasticité et sa rusticité s'adapte facilement aux variations alimentaires dans le chott qui subit des fluctuations climatiques, hydrologiques et anthropiques importantes. L'étude de son régime alimentaire nous renseignerait sur le grand potentiel alimentaire du site d'étude.

La place du Gravelot à collier interrompu dans le peuplement avien permet d'avoir aussi un aperçu sur l'avifaune du Chott et les compétitions interspécifiques qu'il subit, déterminer son statut phénologique et les statuts de chacune des espèces présentes sur le même site, ainsi que les facteurs intrinsèques ou extrinsèques qui pèsent sur la cinétique démographique de cette population et les degrés de perturbations exercés sur cette espèce. L'étude de la biologie de reproduction du Gravelot à collier interrompu permet d'une part de visualiser les différences géographiques des grands traits d'histoire de vie de cette espèce dans le cadre régional (méditerranéen) ou international qui peuvent résulter de l'influence des facteurs propres à chaque zone (latitude, altitude, disponibilité alimentaire,..). Elle permet d'autre part l'estimation des potentialités du site et de sa charge possible et la délimitation des zones sensibles, d'alimentation et de nidification de l'espèce pour une opération de conservation.

Cette étude constitue le premier travail mené sur la biologie de reproduction du Gravelot à collier interrompu (*Charadrius alexandrinus*) dans une région de transition entre deux grandes zones biogéographiques (Paléarctique et Afrotropicale).

Il y a très peu de données sur la biologie de reproduction du Gravelot à collier interrompu et on ne peut citer que les travaux de Warriner et *al.* (1986) ; Pineau (1994) ; Page et Persons (1995), Page et *al.* (1995) ; Paton (1994; 1995) ; Fraga et Amat (1996) et Figuerola et Cerda (1997). Des données fragmentaires se trouvent dans les travaux de Stenzel et *al.* (1994); Powell (1996) ; Powell et *al.* (1997) ; Figuerola et Cerda (1998) ; Amat et *al.* (1999a ; 1999b) ; Valle et Scarton (1999) ; Hothem et Powell (2000) ; Amat et *al.* (2001) ; Lafferty (2001) ; Powell (2001) ; Kis (2003) ; Kis et Szekely (2003) ; Adams et *al.* (2004) ; Colwell et *al.* (2004) ; Sandercock et *al.* (2005). En fait, ces travaux se penchent sur l'aspect comportemental du *Charadarius alexandrinus* et touchent parfois des aspects de sa biologie de reproduction.

Le présent travail se structure en deux grandes parties. La première renferme une description détaillée de la région d'Ouargla et du Chott d'Aïn El Beïda avec un aperçu sur la flore et la faune, et les méthodes et techniques utilisées.

Dans la deuxième partie, nous exposons les résultats sur la structure du peuplement avien du Chott et la place de notre espèce dans ce peuplement, les caractéristiques des régions et colonies de nidification de notre modèle et en fin, sa phénologie de reproduction et son régime alimentaire. Ces résultats seront discutés dans un cadre international à la lumière des données bibliographiques disponibles.

CHAPITRE 1 : DESRCRIPTION DE LA REGION D'ETUDE

Nous exposons dans ce chapitre, la description de la région et du site d'étude avec une description de l'espèce d'étude.

1. Présentation de la zone d'étude

La région d'Ouargla se situe au Sud Est de l'Algérie. A vol d'oiseau, elle est à 580 Km au Sud-Sud-Est d'Alger. Elle se situe au fond d'une large cuvette de la vallée d'Oued M'ya. La ville d'Ouargla, chef lieu de la wilaya est située à une altitude de 157 m, ses coordonnées géographiques sont 31° 58' latitude Nord, 5° 20' longitude Est (Fig. 1).

La wilaya d'Ouargla couvre une superficie de 163233 Km². Elle est limitée :
- Au Nord par les wilayates de Djelfa et d'El Oued ;
- Au Sud par la wilayates d'Illizi et de Tamanrasset ;
- A l'Est par la Tunisie ;
- A l'Ouest par la wilaya de Ghardaïa.

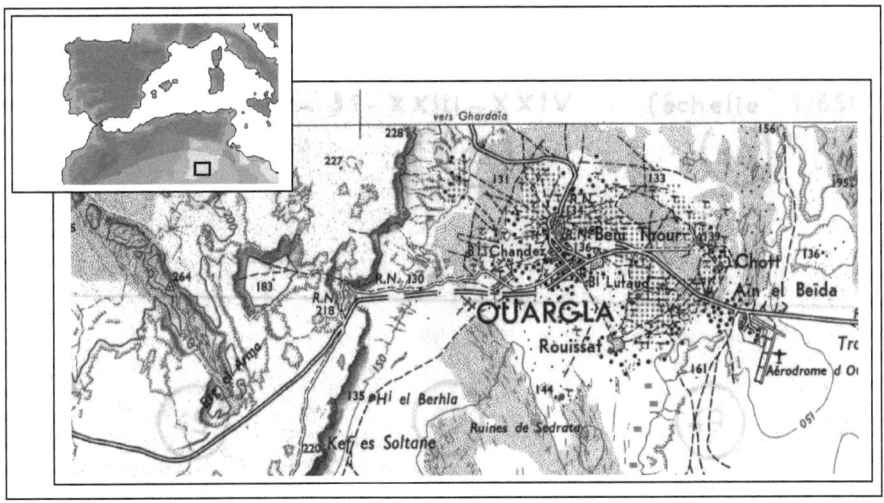

Figure 1 : *Localisation géographique de la région d'étude*
(Extraite de la feuille d'Ouargla 1/200000)

1.1. Relief

La cuvette d'Ouargla ainsi que l'ensemble du Bas-Sahara est constitué de formations sédimentaires (Hamdi-Aissa, 2001) et située dans une région très peu accidentée, stable tectoniquement où on distingue trois régions :
- Le Grand Erg Occidental, vaste dépôt de sable éolien à l'Est et au Sud.
- Les vallées au centre où prédominent les dépôts d'alluvions.
- Le plateau du M'Zab à l'Ouest.

La diversification des paysages d'une région lui confère une biodiversité relativement considérable. Les principaux ensembles paysagers de cette région sont les suivants :
- Le grand Erg oriental qui occupe les deux tiers de la wilaya d'Ouargla ;
- La Hamada est un plateau caillouteux, situé en grande partie à l'Ouest et au Sud ;
- Les plaines sont assez réduites et s'étendent du Nord au Sud ;
- Les vallées dont la vallée fossile d'Oued M'ya qui draine le versant Nord-est du plateau de Tadmaït, et la vallée d'Oued Righ ;
- Les dépressions qui sont peu nombreuses, essentiellement dans l'Oued Righ. Elles sont généralement fermées et salées (Chotts et Sebkhas).

1.2. Pédologie

Au Sahara, la couverture pédologique présente une grande hétérogénéité et se compose de sols minéraux bruts, sols peu évolués, de sols halomorphes et de sols hydromorphes (Dutil, 1971). La fraction minérale est constituée dans sa quasi-totalité
de sable. La fraction organique est très faible (inférieure à 1 %) et ne permet pas une bonne agrégation, ce qui rend ces sols squelettiques et très peu fertiles. Leur capacité de rétention en eau est très faible, environ 8 % en volume d'eau disponible, accentuée par d'autres facteurs qui interviennent dans ce phénomène (Daoud et Halitim, 1994).

1.3. Géologie

D'après les cartes géologiques de l'Algérie, il est constaté que la région d'Ouargla est constituée géologiquement par des formations sédimentaires qui occupent les dépressions de la région. Nous avons des :

- Dunes récentes représentées par des dépôts sableux qui ont été déposés dans la vallée d'Ouargla, où on les rencontre uniquement au Nord-Est et au Sud-Est près du lit d'Oued M'ya.

- Poudingues calcaires qui sont des formations importantes de plus de 250 m, et qui reposent sur des schistes. Leurs parties supérieures passent à des grés riches en fossiles.

- Alluvions actuels (lacs et chotts) qui sont des formations récentes et qui occupent les dépressions de la vallée d'Ouargla (partie Nord).

- Alluvions regs qui sont des formations caillouteuses, où le pourcentage de cailloux est dominant, ces formations occupent la partie Nord-Ouest et Sud-Ouest.

1.4. Réseaux hydrographiques

La faible pluviométrie est compensée par les eaux souterraines qui sont considérées comme la principale source d'eau de la région d'Ouargla. On distingue :

- ***Nappe du Continental Intercalaire (Albien)*** qui se situe entre 1000 et 1500 m et qui couvre environ 600 000 Km^2. La wilaya d'Ouargla recèle d'importantes potentialités en eaux souterraines estimées à 2381,5 Hm^3/an. Les études de la PNUD-UNESCO (1972), Guendouz (1985) et de Margat (1990, 1992, 2000) citées par Hamdi-Aissa (2001) ont démontré que le Continental Intercalaire est alimenté par le piedmont sud atlasique des plateaux du Tinhert et du Dahar (Tunisie). L'exploitation de la nappe du Continental Intercalaire à Ouargla remonte à l'année 1960 (Hamdi-Aissa, 2001). Les forages atteignent la nappe entre 1100 et 1400 m de profondeur. L'eau de la nappe est caractérisée par une température élevée de l'ordre de 50°C à la surface.

- ***Nappe du Complexe Terminal*** qui couvre la majeure partie du bassin oriental du Sahara septentrional sur environ 350 000 Km^2. Sa profondeur varie de 100 à 400 m et il alimente l'essentiel des palmeraies du Bas- Sahara (Ziban, Oued Rhir, Souf et Ouargla) (Hamdi-Aissa, 2001). Elle est composée de deux nappes : la première est la ***nappe du Mio-pliocène*** appelée également nappe de sable qui fut à l'origine des palmeraies irriguées. Elle s'écoule du Sud Sud-Ouest vers le Nord Nord-Est, en direction du chott Mélghir. La salinité de cette dernière varie de 1,8 à 4,6 g/l. Elle fournie les deux tiers des ressources hydrauliques disponibles de la région d'Ouargla (Hamdi-Aissa, 2001). La seconde est appelée ***nappe du Sénonien*** qui est peu exploitée vu son faible débit, et dont la profondeur d'exploitation varie entre 140 à 200 m (Rouvillois-Brigol, 1975).

- ***Nappe phréatique ou nappe libre*** qui couvre toute la cuvette d'Ouargla. Elle est continue dans les sables alluviaux de la vallée et selon Rouvillois-Brigol (1975), elle s'écoule du Sud vers le Nord suivant la pente de la vallée avec une profondeur qui varie de 1 à 8m en fonction du lieu et de la saison.

Les analyses des eaux de la nappe phréatique montrent quelle est très salée, avec une conductivité électrique de l'ordre de 5 à 10 dS/m et parfois dépasse les 20 dS/m (A.N.R.H, 1999).

1.5. Caractères climatiques

Pour caractériser le climat de la région d'Ouargla, on a pris en considération les données climatiques de la période entre 1982 et 2002, de la station météorologique de l'office national de la météorologie (ONM) d'Ouargla (Tab. 1).

1.5.1. Température et insolation

La température moyenne annuelle est de 21,67°C, la température la plus élevée est notée au mois le plus chaud juillet avec 34,85°C, la température la plus basse du mois le plus froid janvier, est de 11,05°C.

Selon Rouvillois-Brigol (1975), 138 jours de l'année présentent un ciel totalement clair et dégagé. Dans la région, la durée moyenne de l'insolation est de 265,97 heures/mois, avec un maximum de 342,96 heures en juillet et un minimum de

217,22 heures en février, la durée d'insolation moyenne annuelle durant la période étudié est de 3191,68 h/an, soit environ 9 heures/jours.

1.5.2. Pluviosité

Les précipitations sont très réduites et très irrégulières à travers les saisons et les années, leur répartition est marquée par une sécheresse presque absolue du mois de mai jusqu'au mois d'août, par un maximum en novembre avec 9,96 mm. Les précipitations moyennes annuelles sont de l'ordre de 38, 85 mm (Tab. 1).

Tableau 1 : *Données météorologiques de la wilaya d'Ouargla (1982-2002)*

Paramètre Mois	H. (%)	T. (°C)	P. (mm)	I. (h)	V.V (m/s)	E. (mm)
Janvier	62,60	11,05	3,40	230,70	3,05	81,88
Février	52,10	13,65	1,75	217,22	3,42	105,24
Mars	46,97	17,15	7,85	246,32	3,95	130,13
Avril	38,32	21,08	1,52	257,02	4,78	184,30
Mai	34,03	26,22	0,55	282,98	4,90	211,06
Juin	29,61	32,00	0,70	303,00	5,10	252,69
Juillet	25,32	34,85	0,25	342,96	4,40	274,30
Août	26,91	34,26	0,12	320,16	4,03	287,76
Septembre	35,17	30,02	5,15	259,45	4,01	223,85
Octobre	50,12	23,70	4,80	250,54	3,64	159,40
Novembre	59,05	16,12	9,96	224,13	2,95	97,75
Décembre	64,25	12,00	2,80	257,20	3,00	83,45
Moyenne annuelle	43,70	21,67	38,85*	3191,68*	3,93	2091,81*

H : humidité relative ;   T : Température ;   P : Pluviométrie ;   I : Insolation.   (O.N.M, 2003)
V.V : Vitesse de vent ;   E : Evaporation ;   * : Cumul annuel.

1.5.3. Evapotranspiration et humidité

Dans la région d'Ouargla, l'évapotranspiration est considérable suite aux températures élevées et des vents fréquents, chauds et violents. Elle est de l'ordre de 2091,81 mm/an, avec une valeur maximale de 287,76 mm au mois d'août et une minimale de 81,88 mm au mois de janvier.

Le taux d'humidité relative varie d'une saison à l'autre, mais il reste toujours faible, où il atteint son maximum au mois de décembre avec un taux de 64,25 %, et une valeur minimale au mois de juillet avec un taux de 25,32 % et une moyenne annuelle de 43,70 %.

1.5.4. Vent

Le vent agit soit directement par une action mécanique sur le sol et les végétaux, soit indirectement en modifiant l'humidité et la température (Ozenda, 1982).

Les vents de sable sont fréquents, surtout en mois de mars et de mai constituant ainsi un handicap pour l'activité socio-économique notamment la mise en valeur des terres (BNEDER, 1992).

Dans la région d'Ouargla les vents soufflent du Nord-est et du Sud, les vents les plus fréquents en hiver sont les vents d'Ouest, tandis qu'au printemps les vents du Nord-est et de l'Ouest dominent. En été ils soufflent du Nord-est et en automne du Nord-est et Sud-ouest (Dubief, 1963).

D'après les données de l'O.N.M (2003), les vents sont fréquents toute l'année avec une vitesse moyenne annuelle de 3,93 m/s et une vitesse maximale de 5,10 m/s.

Du fait que les éléments climatiques n'agissent jamais indépendamment les uns des autres, les nombreux utilisateurs, notamment les écologues et les climatologues, ont cherché à représenter le climat par des formules intégrant ses principales variables. Les formules les plus utilisées combinent les précipitations et les températures.

Bagnouls et Gaussen (1953) qui définissent la saison sèche comme étant : « l'ensemble des mois où le total mensuel des précipitations exprimé en millimètre est inférieur ou égal au double de la température moyenne mensuelle exprimée en degrés centigrades (P ≤ 2T) ».

Le diagramme ombrothermique de Bagnouls et Gaussen (1953) qui permet de suivre les variations saisonnières de la réserve hydrique. Il est représenté :
- En abscisse par les mois de l'année ;
- En ordonnées à gauche par les précipitations en mm ;
- En ordonnées à droite par les températures moyennes en °C ;
- Une échelle de P = 2T.

L'aire comprise entre les deux courbes représente la période sèche. Dans la région d'Ouargla nous remarquons que cette période s'étale sur toute l'année (Fig. 2).

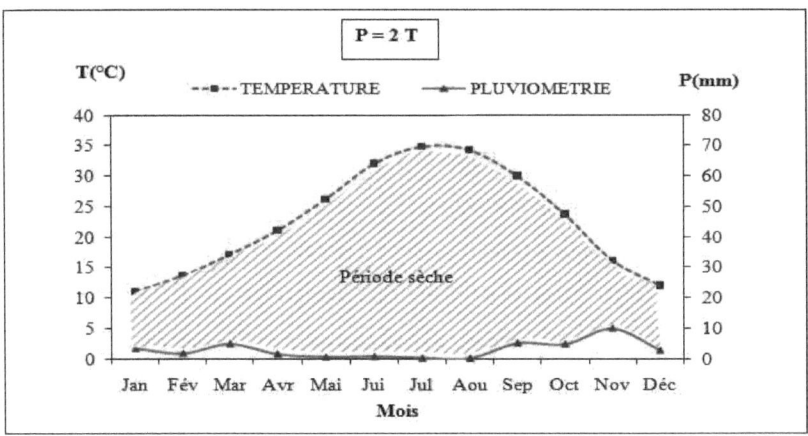

Figure 2 : *Diagramme ombrothermique de la région d'Ouargla (1982-2002)*

1.6. Bioclimat et végétation

Le climagramme d'Emberger permet de connaître l'étage bioclimatique de la région d'étude. Il est représenté :
- En abscisse par la moyenne des minima du mois le plus froid ;
- En ordonnées par le quotient pluviométrique (Q_2) d'Emberger (1933) (Le Houérou, 1995).

Nous avons utilisé la formule de Stewart (1969) (Le Houérou, 1995) adaptée pour l'Algérie, qui se présente comme suit : $Q_2 = 3{,}43\, P/M\text{-}m$

Q_2 : quotient pluviométrique d'Emberger
P : pluviométrie moyenne annuelle en mm
M : moyenne des maxima du mois le plus chaud en °C.
m : moyenne des minima du mois le plus froid en °C.

D'après la figure (3), Ouargla se situe dans l'étage bioclimatique Saharien, variante à hiver doux et son quotient pluviothermique (Q_2) est de 4,15.

L'existence des biotopes climatiquement favorables dans les régions sahariennes, permet d'abriter plusieurs espèces animales sensibles à la chaleur et à la sécheresse. En effet, les palmeraies, les dunes et les mares d'eau amoindrissent les facteurs physiques tels que la température et l'éclairement en créant des microclimats relativement favorables.

A titre d'exemple, nous pouvons citer le cas des Chotts, qui sont des zones humides qui se limitent par un autre type de biotope particulier : la palmeraie où la valeur de la diversité biologique augmente.

La végétation, par sa répartition et sa structure, influence l'abondance et la distribution de l'avifaune de plusieurs façons à savoir :
L'habitat, les postes de chant et de chasse qu'offrent certaines formations végétales aux espèces aviaires spécialisées (Boukhamza, 1990), et les matériaux de construction des nids pour certaines espèces ;

- Le type de nourriture qu'elle fournit ;
- L'abri contre les prédateurs.

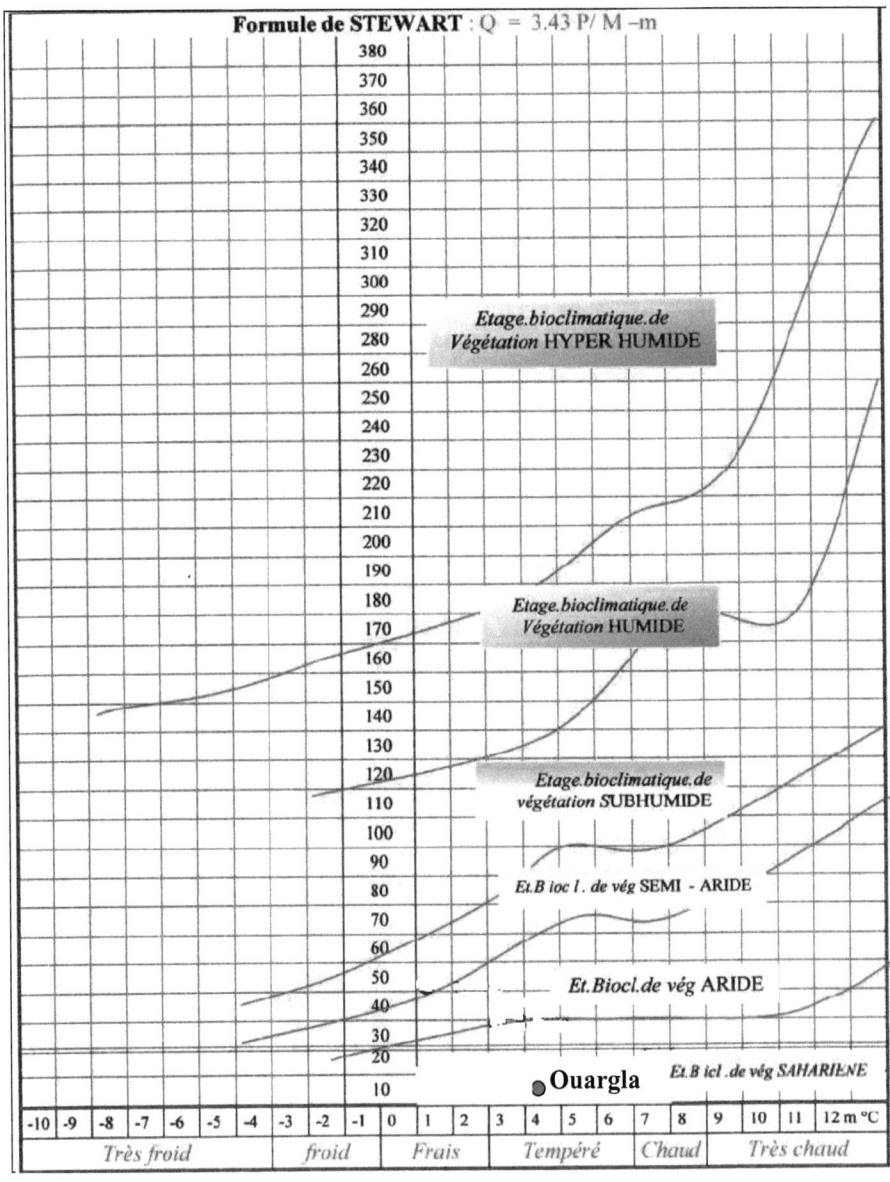

Figure 3: Etage bioclimatique d'Ouargla selon le climagramme d'Emberger

Selon Ozenda (1983), les végétaux sont répartis en fonction de la nature et la structure des sols, où on retrouve :

- Dans les lits des Oueds, les vallées et les alentours des Gueltas une végétation à Acacia ;

- Dans le grand Erg oriental principalement le « *Drinn* » ou « *Aristida pungens* » accompagné parfois d'une végétation arbustives « *Retama retam* », « *Ephedra* sp.», « *Genista saharae* » et « *Caliganum azel* » ;

- Dans les Hamadas « *Fagonia glutinosa* » et « *Fredolia arestoides* » ;
- Dans les oasis et des zones cultivées une végétation abondante.

Pour la diversité faunistique, très peu d'études ont été consacrées à la faune du Sahara algérien, excepté ceux de Heim de Balzac (1924; 1926), Heim de Balzac et Mayaud (1962), Etchecopar et Hue (1964), Ledant et *al*. (1981), celui de Le Berre (1989 ; 1990) et des travaux de magister Ould El Hadj (1991), Idder (1992), Hadjaidji-Benseghir (2002) et Bouzid (2003).

La classe des oiseaux reste la plus étudiée dans la région d'Ouargla (Bekkari et Benzaoui, 1992 ; Abdellaoui et Madjouri, 1997 ; Moussaoui, 1997 ; Guezoul, 2002; Bekkoucha, 2002 et Bouzid, 2003).

2. Sites échantillonnés

L'immense superficie des zones humides de la région d'Ouargla rend le suivi et l'étude d'une espèce très délicate. Les fluctuations que subissent ces zones durant toute l'année du point de vue alimentation hydrique, nous ont amené à nous limiter aux régions où les plans d'eau existent d'une manière permanente (Chott d'Aïn El Beïda et d'Oum Raneb).

Pour le Chott d'Oum Raneb, et après des visites systématiques, nous avons pu constater que le manque des abris (végétation, micro-reliefs), ainsi que la nature très polluée des eaux usées n'attirent que très peu d'espèces rustiques et ne favorisent que rarement la nidification des espèces d'oiseaux.

Les prospections effectuées dans la région d'Ouargla, nous ont conduit à constater que la zone du Chott d'Aïn El Beïda présente les conditions écologiques idéales pour l'installation de certaines espèces aviennes, une constatation déjà signalée par Bellatrèche et Lellouchi (2002) qui notent que ce site est le plus diversifié floristiquement et faunistiquement.

La structuration des populations qui existent dans cette zone humide, leurs effectifs, la diversification floristique et faunistique, la nature du milieu (topographie, réseau hydrographique) et le faible nombre de travaux réalisés sur la région, ainsi que la nécessité de réalisation d'une base de données sur les sites humides du pays pour essayer de comprendre leurs fonctionnements et de maîtriser leurs potentialités à fin de les mieux gérer et les conserver, sont les principales causes qui nous ont conduit à choisir ce site pour notre étude.

2.1. Description du site d'étude

Les chotts en régions arides Nord-africaines sont des paysages fréquents. De point de vue géomorphologique, ce sont des dépressions salées d'origine karstique où les fluctuations de la nappe phréatique jouent un rôle important dans l'alimentation de ces formations, ce qui facilite en plus de l'évaporation intense des régions arides les phénomènes ascendants des sels présentant ainsi, une source économique (bassins de sel) pour les habitants de la région.

L'abondance de l'eau de manière permanente dans ces paysages et l'extension des différentes formations végétales (roselière, Tamaris, buissons de Salicorne) ont créé des biotopes attractifs pour l'avifaune.

Le Chott d'Aïn El Beïda est une zone humide importante située à proximité de la ville d'Ouargla au milieu des palmeraies (Annexes-Photo 1). Il se situe entre les latitudes : 31° 57' à 31° 59' Nord et les longitudes : 05° 22' à 05° 21' Est, occupant une superficie de 6853 Ha (DGF, 2004). Il est limité du Nord par le cordon dunaire de Bour El-Haïcha, au Sud par la route nationale N°49 et la palmeraie de Bala, à l'Est par le cordon dunaire de Sidi Khouiled et à l'Ouest par la palmeraie de Gara (Fig. 4). Ce chott est un espace qui permet de stocker et d'évaporer les eaux excédentaires des utilisations agricoles et urbaines de la ville d'Ouargla. Mais, il est aussi une zone humide qui représente un intérêt écologique particulier par suite des importantes populations d'oiseaux d'eau qui y présentent.

La conservation de cette zone humide va dépendre du niveau d'eau dépendant lui-même du système de drainage de la palmeraie et des quantités des eaux pompées et évacuées à l'extérieur du site.

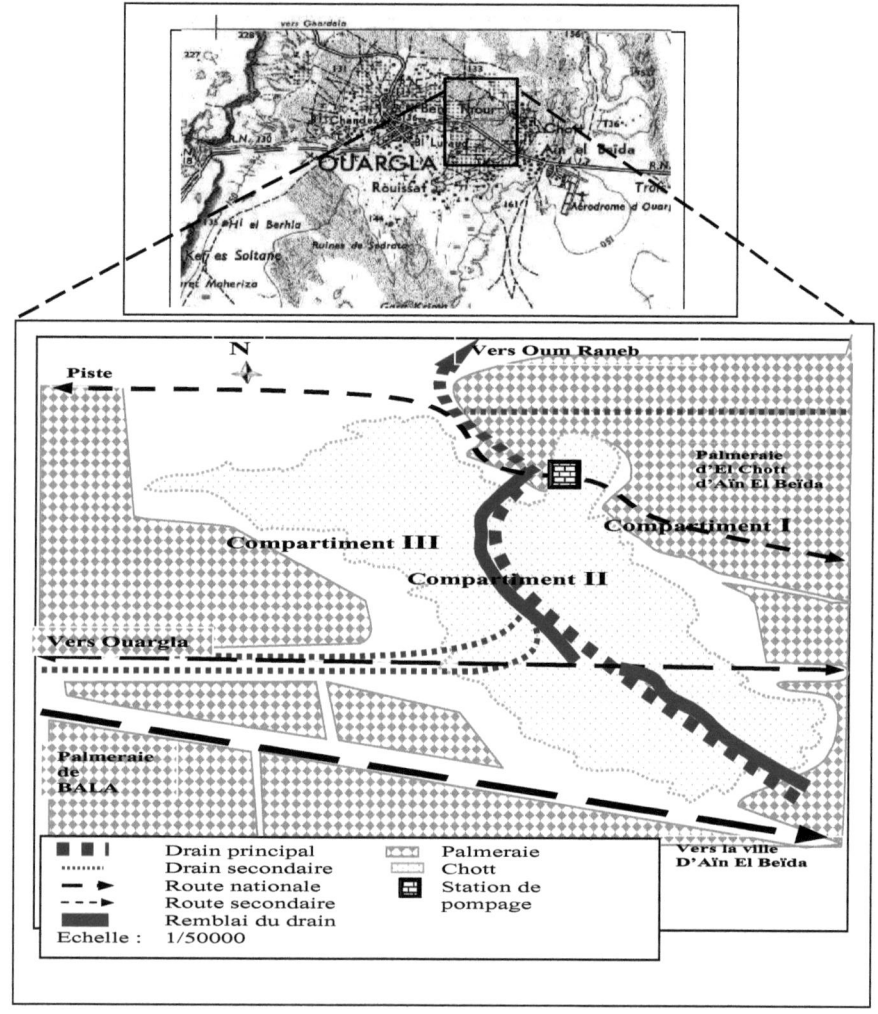

Figure 4 : *Localisation géographique du Chott d'Aïn El Beïda*
(Extraite de la feuille d'Ouargla 1959 à 1/200000)

2.1.1. Pédologie

D'un point de vue pédologique, le solum de la sebkha dans la région d'Ouargla présente une croûte saline de surface. Il est classé Salisol, chloruro-sulfaté (Hamdi-Aissa, 2001).

La figure (5), présente la distribution des sols du Chott et de la sebkha. Elle montre qu'au fur et à mesure qu'on va du Chott (bordure de la sebkha) vers le centre de la sebkha proprement dite, nous avons trois grands systèmes pédologiques qui, d'après Hamdi-Aissa (2001) sont :

- Système pédologique gypseux dans le paysage Chott ;
- Sous-Système pédologique gypso-salin dans la partie intermédiaire ;
- Système pédologique salin dans le paysage Sebkha.

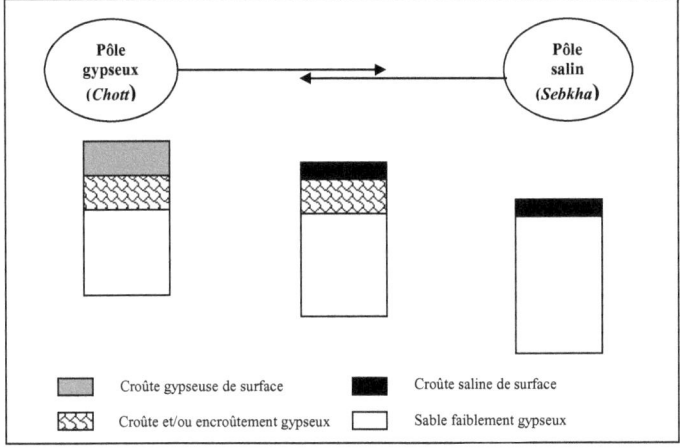

Figure 5 *: Distribution des sols du Chott et de la sebkha (Hamdi-Aissa, 2001)*

Dans les sols de la sebkha se manifeste une salinité chloruro-sodique liée à la nappe phréatique (Hamdi-Aissa, 2001).

2.1.2. Hydrographie

Cette zone humide présente des fluctuations importantes du niveau d'eau dépendant lui-même de la nappe libre très proche de surface (Fig. 6), ses niveaux varient d'une saison à l'autre, influencée par le climat (diminution de l'évaporation, pluies). Le niveau d'eau est aussi influencé par le drainage des palmeraies entourant le site et les quantités des eaux usées rejetées à l'intérieur du Chott, ou pompées et évacuées à l'extérieur.

Ces eaux, en plus des eaux de pluies se mêlent au niveau de certain nombre de points du Chott, conditionnant ainsi l'installation d'une vie floristique et faunistique particulière.

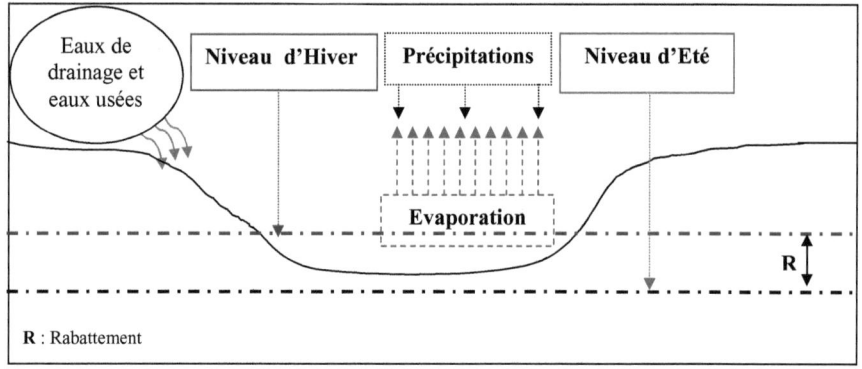

Figure 6 : *Hydrographie du Chott d'Aïn El Beïda*   (originale)

Ce réseau hydrographique est pratiquement influencé par le facteur anthropique qui, parfois comme c'est le cas à la fin de l'année 2004 et début 2005, où le changement des rythmes de pompage voire son interruption a provoqué une augmentation exponentielle du niveau d'eau, bouleversant ainsi la nature de notre site d'étude (disparition complète des sites de nidification par suite de stagnation des eaux, destruction de certaines formations végétales). La mise en place du nouveau projet d'assainissement dans la région a accentué ces dégâts, en diminuant les quantités d'eau habituellement évaporées le long de la trajectoire des collecteurs de drains.

Pour mieux suivre les fluctuations des eaux du Chott, nous avons placé une règle graduée dans le site durant la période d'étude en considérant que le zéro est le point le plus bas qu'atteint l'eau. Le choix de son emplacement repose essentiellement sur l'importance de la région où il a été placé, qui apparaîtra la plus influencée par la remontée des eaux. Elle est en plus la région la plus importante pour la nidification des espèces aviennes du Chott. Le niveau d'eau est systématiquement noté à chaque sortie sur terrain.

2.1.3. Facteurs anthropiques

Les facteurs anthropiques agissent de différentes manières et sur plusieurs dimensions spatio-temporelles. En effet, la situation géographique du site d'étude, limité par des routes fréquentées, du coté de la route nationale N° 49 qui coupe le site de sa partie sud et qui provoque des perturbations intenses. Ce sont surtout des rejets urbains, qu'ils soient eaux usées ou décharge public de la région d'El Chott, ou bien d'autres déchets de différente nature qui sont déposés du côté de la palmeraie de Gara. Il existe également diverses substances comme des huiles, des produits chimiques et des matières organiques chargées dans les eaux usées.

2.1.4. Flore

Concernant la flore, la salinité n'est pas le seul facteur écologique conditionnant les peuplements du Chott d'Aïn El Beïda. Le degré d'immersion détermine non seulement un apport inégal d'eau salée mais aussi l'état d'oxydoréduction du sol. Le climat régional agit lui-même sur la concentration en sel (Bournerias, 1984).

Il faut signaler qu'aucune étude n'a été réalisée sur les groupements végétaux de la zone étudiée et ce malgré l'importance de ces formations du point de vue écologique. Il existe :

a) Des *groupements purs* dont chacun est caractérisé par la dominance d'une seule espèce qui occupe intégralement la surface. Son recouvrement est généralement important particulièrement dans les peuplements d'hélophiles qui peuvent atteindre 90% à 100%. Ce sont des plantes immergées par leur base dont certains groupements peuvent supporter de grandes variations annuelles de niveau d'eau.

❖ **Groupement pur de *Salicornia fruticosa*** est localisé dans les parties constamment humides, mêmes inondées. Il est même observé dans les fossés de drainage des palmeraies. Il couvre également de façon homogène les sols boueux de différents degrés de salinité et constitue ainsi de véritables prairies. L'espèce *Salicornia fruticosa* peut apparaître sous différentes formes suivant le degré de salinité et le niveau d'humidité du sol ; elle passe du vert clair foncé au rouge noirâtre quand il y a dessèchement du sol. Dès que le niveau d'eau du Chott diminue, et les îlots commencent à émerger, la Salicorne entoure ces îlots, et prend extension. L'intensité du développement de la salicorne en tapis très dense et touffus, ainsi que la salure du sol et la présence quasi permanente d'humidité élevée ne laissent pas de place à d'autres végétaux.

❖ **Groupement pur de *Juncus maritimus*** n'occupe que des parties minimes de la surface du Chott, il parait qu'il est en déclin au profit d'autres associations plus adaptées aux changements du milieu. On assiste au stade final de la spécialisation de *Juncus maritimus*, lorsqu'elle se trouve soumise à un fort alluvionnement et des submersions prolongées qui justifient la disparition des autres espèces non adaptées. Il s'étend sur des alluvions argilo-limoneuses, salées et submergées plusieurs mois par an (Dubuis et Simonneau, 1957).

❖ **Groupement pur de *Phragmites communis*** se rencontre particulièrement dans tous les types de dépressions (drains, collecteurs, fossés..) contenant de l'eau. Il occupe une importante surface du chott. Il est installé sur des alluvions argileuses salées et supporte très bien les apports alluvionnaires. Il présente un pouvoir épuratoire important (Seggai, 2004). Il est parfaitement adapté à une submersion constante du sol. Il est parfois inaccessible et forme un milieu idéal à l'installation de certaines espèces avienne (Busard des roseaux, Foulque macroule) ou de mammifères ou bien des reptiles.

❖ **Groupement pur de *Tamarix gallica*** est observé sur des sols alluvionnaires, fréquemment inondés. Ce sont surtout des formations artificielles (anthropogènes) qui ont pu s'étendre sur des surfaces plus ou moins importantes.

❖ **Groupement pur de *Suaeda fruticosa*** colonise des terrains argileux salifères et se caractérise par un milieu franchement halophile. Ce peuplement occupe une surface extrêmement réduite.

En parlant de groupement, on veut simplement indiquer que les espèces se trouvent réunies en « lots » de même affinités écologiques (Ozenda, 1958).

b) Des *groupements mixtes*, qui sont caractérisés par :

❖ **Groupement à** *suaeda fruticosa - Frankenia thymefolia* est indicateur des sols salés sur des surfaces réduites. Cette association occupe les bords du chott.

❖ **Groupement à** *Tamarix gallica - Phragmites communis* est rencontré surtout dans les collecteurs des drains. C'est un groupement conditionné par la présence d'une humidité importante. Il se présente parfois comme des bandes qui viennent juste après les limites des palmeraies, et ce, par suite de la présence des fossés de drains des eaux de ces dernières. Ces deux espèces rassemblées, présentent un recouvrement très important favorisant leur colonisation par un nombre important d'oiseaux (Foulque macroule, Poule d'eau, Moineaux et Rouge queue).

❖ **Groupement à** *Tamarix gallica - Juncus maritimus* s'étend sur une faible surface à proximité des palmeraies. Le *Tamarix gallica* par sa taille importante diminue, la luminosité nécessaire au développement du *Juncus maritimus* rendant difficile son extension.

❖ **Groupement à** *Salicornia fruticosa - Tamarix gallica* Au milieu du peuplement pur de *Salicornia fruticosa*, on observe quelques pieds de Tamarix, sur des sols très humides, submergés durant une période importante de l'année.

❖ **Groupement à** *Salicornia fruticosa - Phragmites communis* Les deux espèces se réunissent dans les collecteurs des drains ; la première est plus présente du côté le moins submergé où elle s'individualise. La seconde, s'étend vers les parties émergées, au centre des collecteurs, où nous pouvons constater une véritable roselière.

❖ **Groupement à** *Salicornia fruticosa - Juncus maritimus* est très fragmentaire. Ce groupement montre une dominance de *Salicornia* qui prouve par son extension une grande plasticité écologique envers la salinité et l'humidité excessive du sol.

❖ **Groupement à *Phragmites communis - Juncus maritimus*** est observé juste après la bande de Tamarix, à proximité de la palmeraie. Il colonise les parties peu salées, intermédiaires, entre les fossés de drainage et les rives Est du Chott.

❖ **Groupement à *Halocnemum strobilaceum - Salicornia fruticosa*** est observé dans la partie Sud-ouest de la palmeraie où se mêlent les deux espèces les plus tolérantes de la salinité dans un milieu ouvert parfois très humide.

Il existe également d'autres espèces hygrophiles et halophiles, comme le *Zigophyllum album* (El Agga) qu'on peut observer sur toute la bande entre la palmeraie et les autres formations végétales, et peut prendre une extension même dans la palmeraie.

Autre espèce à grande abondance, la *Ruppia maritima* qui est assez répandue du littoral jusqu'à Ouargla (Maire, 1952). Dans la région, elle est submergée et présente dans tout le Chott avec son aspect filamenteux flottant, qui constitue un véritable support pour certaines larves d'insectes (comme *Ephydra riparia* Fallén, 1813). Elle colonise toute la surface aquatique non polluée par les eaux usées dans le Chott. Il existe également des algues flottantes qui abritent plusieurs types d'insectes et leurs larves.

La partie la plus riche de point de vue floristique est celle des bords des collecteurs des drains. Nous avons remarqué des changements saisonniers très importants des espèces végétales qui se succèdent sur ces surfaces durant toute la durée de notre étude.

2.1.5. Faune

En plus des peuplements d'oiseaux existants dans le Chott d'Aïn El Beïda (Annexes-Photo 2), nous avons noté la présence d'autres espèces de vertébrés et d'invertébrés.

Le tableau (3) expose les différentes espèces de vertébrées recensées par TAD (2002) dans le Chott d' Aïn El Beïda. 14 espèces ont été observées dans le site d'étude qui représentées par 8 familles taxonomiques.

Nous avons également observées d'autres espèces telles que la Gambusie (*Gambusia affinis*) et la Tilapia nilotica (*Oreochromus niloticus*) qui ont été introduites dans les collecteurs des drains de la palmeraie et qui attirent par leur présence un certain nombre de d'Aigrettes et des Hérons.

D'autres espèces de Mammifères ont été repérées, comme le Rat *Mus musculus* et le lièvre du Cap qui fréquent le site d'étude. Le sanglier (*Sus scrofa*) une espèce discrète, présente dans la roselière surtout la nuit.

Tableau 2 : *Liste des espèces mammifères sauvages dans le Chott (TAD, 2002)*

Famille	Nom commun	Nom scientifique
Canidés	Chacal commun	*Canis aureus* Linné, 1758
	Fennec	*Fennecus zerda* (Zimmerman, 1780)
Suidés	Sanglier commun	*Sus scrofa* Linné, 1758
Liporidés	Lièvre de Cap	*Lepus capensis* Linné, 1758
Gerbillides	Rat des sables	*Psammomys obesus* Cretzschmar, 1828
	Grande gerbille d'Egypte	*Gerbillus pyramidum* Geoffroy, 1825
	Petite gerbille des sables	*Gerbillus gerbillus* (Olivier, 1801)
	Gerbille naine	*Gerbillus nanus* Blanford, 1875
	Mérione du désert	*Meriones crassus* Sundevall, 1842
Dipodides	Petite gerboise	*Jaculus jaculus* Linné, 1758
Erinaceides	Hérisson du désert	*Paraechinus aethiopicus* (Ehrinb., 1833)
Rhinolophides	Rhinolophe fer à cheval	*Rhinolophus clivosus* Cretzschmar, 1828
Vespertilionides	Pipistrelle du désert	*Pipistrellus deserti* Thomas, 1902
	Pipistrelle de Hemprich	*Otonycterus hemprichi*

Les invertébrés restent le groupe le plus important dans le site d'étude par sa diversité, des insectes, des mollusques et des crustacés constituent un véritable potentiel pour l'alimentation de l'avifaune existante.

3. Modèle biologique

Le **Gravelot à collier interrompu** (*Charadrius alexandrinus*) ou bien le Pluvier à collier interrompu et encore Kentish Plover (Angl.) appartient à l'**ordre des** Charadriiformes, à la **famille des** Charadriidés, au **genre** Charadrius et à l'**espèce** *Charadrius alexandrinus*. Trois grandes populations ont été distinguées (Davidson et *al.*, 2002). La première se localise dans l'est de l'atlantique, les cotes atlantiques du Nord d'Afrique et d'Europe, et dans l'ouest de la méditerranée. La deuxième dans la région de la mer noire, l'est de la méditerranée et le proche orient. La troisième, dans le sud-ouest de l'Asie jusqu'à la péninsule arabique.

Cette espèce est représentée par cinq sous-espèces dont *C. alexandrinus* ***nivosus*** (Powell, 2001) localisée aux Etats unis d'Amérique et au Mexique (Page et *al.*, 1995). La sous-espèce *C. alexandrinus **tenuirostris*** présente dans les îles des côtes Nord du Venezuela (Makarick, 1998; Page et *al.*, 1995). La sous-espèce *C. alexandrinus **occidentalis*** dans les côtes pacifiques de l'Amérique du Sud, de l'Equateur au Chili (Page et *al.*, 1995 ; Aou 1998 *in* Makarick, 1998).

La sous-espèce C. *alexandrinus **dealbatus*** dans la Corée, le Japon et le Sud-est de la Chine (W.P.E., 1999). *C. alexandrinus **alexandrinus*** est signalée en Algérie par Isenmann et Moali (2000) comme nicheuse sur les côtes, les sebkhas côtières et sahariennes (Biskra, Touggourt, Ouargla). Elle est également présente dans le chott Ech-Chergui et probablement ailleurs encore sur les Hauts-plateaux, le Nord-est du Sahara (Oued Rhir, Ouargla) et à Daïet Tiour. Selon ces mêmes auteurs, six couples reproducteurs ont été observés à la mi-juin 1979 sur une plage à l'est de Jijel. Des concentrations estivales importantes ont été observées : 2600 individus le 16 juin 1978 à Boughzoul et 2000 individus le 5 juillet 1979 à la Mecta qui constituent probablement des rassemblements d'oiseaux en mue (Jacob & Jacob, 1978 *in* Isenmann et Moali, 2000).

Autres observations notamment près d'Ouargla, de Touggourt et El Goléa de même qu'en Oranais (jusqu'à 1500 individus) et dans le Constantinois (410 le 27 décembre 1991 Sebkhet-Ez-Semoul). Haas (1969) *in* Isenmann et Moali (2000) a observé deux adultes avec chacun trois poussins le 30 mars 1966 à Ouargla. Le passage est abondant dans le Sahara mais pas nettement décelé dans le nord du pays. Les individus observés en Algérie appartiennent certainement aux populations locales et méditerranéennes (Von Blotzheim, Bauer & Bezzel 1975 cités par Isenmann et Moali (2000)).

Le Gravelot à collier interrompu est une espèce de petite taille. Il mesure 16 cm (Felix, 1977) avec une envergure de 42 à 45 cm. La masse des adultes est de 42 g (Amat et *al.*, 1999a). Il se distingue des autres Gravelots par le dessus plus pâle, la silhouette plus svelte, le bec et les pattes noirâtres ; par un bandeau sombre plus étroit et une petite tache sombre de chaque côté de la poitrine. Bande alaire blanche étroite rappelant celle du Grand Gravelot au vol (Peterson et *al.*, 1972). Le vol est particulièrement vif. Le mâle à un étroit sourcil blanc, tâche noirâtre devant la calotte rousse (Annexes-Photo.3). La femelle présente un plumage plus pâle avec taches pectorales brunâtres et sans marques noires sur la tête (Peterson et *al.*, 1972) (Annexes-Photo.4). Il existe un dimorphisme sexuel entre le male et la femelle, les males ont un tarse plus long que les femelles (Szekely et *al.*, 1999; Amat, 2003).

Il vit sur les plages de sable, dans les zones de vase ou de limon desséché, au bord de la mer, dans les marais salants, les dunes plates ainsi que près des eaux saumâtres de l'intérieur du continent. C'est un Oiseau nerveux qui parcoure assidûment les vasières en alternant marche rapide et courte pause.

En période de reproduction, le Gravelot à collier interrompu fréquente les vasières des étangs et des lagunes côtières, les marais salants, les plages de sable, de graviers et de galets ainsi que les grands cours d'eau. Généralement, il niche dans des endroits abrités par la végétation à proximité des bassins de sel (Powell, 2001). Au Chott d'Aïn El Beïda, il niche sur les rives à proximité de l'eau, sous les touffes de *Salicornia fruticosa* (Annexes-Photo.5) et à côté des microreliefs onduleux (Annexes-Photo.6). Le Gravelot à collier interrompu niche souvent en colonies (Felix, 1977) et choisit l'emplacement de ses nids la plupart du temps à proximité d'autres espèces «*Protective umbrella*» comme l'Echasse blanche (*Himantopus*

Himantopus), l'Avocette élégante (*Recurvirostra avosetta*), le Pluvier de Wilson et l'Avocette d'Amérique (*Charadrius wilsonia* et *Recurvirostra americana*) (Bergstrom, 1988), la Sterne naine de Californie (*Sterna antillarum*) (Powell, 2001)), l'Huîtrier (*Haematopus ostralegus*) ou bien la Sterne naine (*Sterna albifrons)* (Valle et Scarton, 1999) et Felix (1977). D'ailleurs, le choix de l'emplacement du nid et la dispersion des couples sur le rivage serait liée à leur capacité à minimiser la prédation durant la ponte Tinbergen et *al*. (1967); Gochfeld (1984) et Larsen et Moldsvor (1992).

La femelle pond trois œufs par an entre la mi-avril et juillet (Brosset, 1958 *in* Isenmann et Moali, 2000). La masse de l'œuf est de 9 g, il est jaune sable ou olivâtre, irrégulièrement tacheté et strié de noir et de gris pâle. Il mesure 30,1-35,4 de long et de 22,1-25,2 mm de large (Felix, 1977). Les œufs sont souvent très enfoncés voire à demi ensevelis dans le sable ou la terre (Annexes-Photo.7 à 10). L'incubation est assurée par les deux parents (Page et *al*., 1985 ; Fraga et Amat, 1996 ; Kosztlanyi et Szekely, 2002; Amat et Masero, 2004), la femelle tend à incuber durant le jour et le male la nuit (Warriner et *al.,* 1986), mais peu de temps après l'éclosion des œufs, l'un des parents abandonne le nid (Szekely et Lessells, 1993 ; Fraga et Amat, 1996 ; Kosztolanyi et *al*., 2003). Les petits sont nidifuges (Felix, 1977 ; Fraga et Amat, 1996 ; Szekely et *al.,* 1999) quittent leur nid quelques heures après l'éclosion, ils suivent leurs parents pour l'alimentation (Szekely et *al.*, 1999).

Le Gravelot à collier interrompu consomme des petits invertébrés (vers, insectes, larves, araignées, crustacés et mollusques) qu'il collecte en fréquentant les vasières (Felix, 1977). C'est une espèce sédentaire dans la région d'Ouargla.

CHAPITRE 2 : METHODOLOGIE D'ETUDE

1. Méthodes d'échantillonnage des oiseaux

Notre travail a été effectué durant la période allant d'avril 2004 jusqu'à juillet 2005 sur le site Chott Aïn El Beïda.

1.1. Etude de la structure du peuplement du Chott d'Aïn El Beïda

L'étude de la distribution spatiale des populations est une démarche essentielle pour la compréhension des processus démo-écologiques (Ramade, 1984).

La répartition des espèces dans l'espace et leur dispersion exige le recours à des méthodes différentes de dénombrement. Dans notre travail, nous avons recensé les espèces aviennes existantes et réalisé le suivi de la variation des effectifs dans le site.

1.1.1. Dénombrement de l'avifaune

L'étude démographique complète d'une population nécessite en principe le dénombrement de toutes les catégories d'individus qui la compose (Henry, 2001). D'une manière générale, le suivi des populations des oiseaux est basé sur un dénombrement régulier des individus qui les constituent. La diversité des espèces, l'état respectif de leurs populations, leur répartition dans l'espace, leur éthologie, imposent nécessairement le recours à des méthodes différentes de dénombrement (Benyacoub et Chabi, 2000).

Le choix de la période de dénombrement est important, l'opération se réalise tôt le matin et dans les meilleures conditions climatiques.

Chez les oiseaux et selon le cas, on fait appel à plusieurs techniques pour estimer les effectifs. Dans notre cas, nous avons opté pour la méthode du comptage individuel et celle de l'estimation des effectifs, qui semble les plus adéquates pour ce site (Fig.7).

1.1.1.1. Méthode d'évaluation absolue des effectifs

Elles se font par comptage direct du nombre total d'individus présents au temps (t) (RAMADE, 1984). Les populations à faible effectif, jusqu'à 1000 individus, facilement accessibles et à distribution groupée, peuvent faire l'objet de dénombrement absolu (Henry, 2001). C'est le cas de nombreux oiseaux d'eau et de la plupart des rapaces (Benyacoub et Chabi, 2000). Pour cela, toute la surface du Chott a été parcourue en moyenne deux à trois fois par semaine. Malgré son efficacité, cette méthode risque de sous-estimer le nombre de quelques espèces à cause de leur petite taille ou à la nature du milieu où elles nichent (Poule d'eau, Gravelots, passereaux) Cette technique exige une exploration complète du terrain et un nombre suffisant d'observateurs.

1.1.1.2. Méthode d'estimation des effectifs

Dans le cas des effectifs élevés (> 1000) de quelques espèces qui se regroupent sur des surfaces limitées (Gravelot à collier interrompu, Flamant rose), nous avons utilisé la méthode de fractionnement par sectorisation pour homogénéiser les surfaces échantillonnées. Ces secteurs sont de superficie variables (100m de largeur et une longueur inférieure à 400m) et parfois, on procède même à les fractionner en quadrats selon le regroupement des espèces présentes, à fin de faciliter le comptage et minimiser ses erreurs.

1.1.2. Plan d'échantillonnage

La grande superficie de notre site d'étude et sa structure spatiale nous ont amené à suivre une trajectoire bien définie durant toute notre période d'étude. L'opération dure parfois entre quatre à cinq heures. Le schéma ci-dessous nous montre l'itinéraire parcouru (Fig.7). L'identification des espèces a été réalisée à l'aide des guides d'identification spécialisés, Peterson et *al.* (1972) et Heinzel et *al.* (1995).

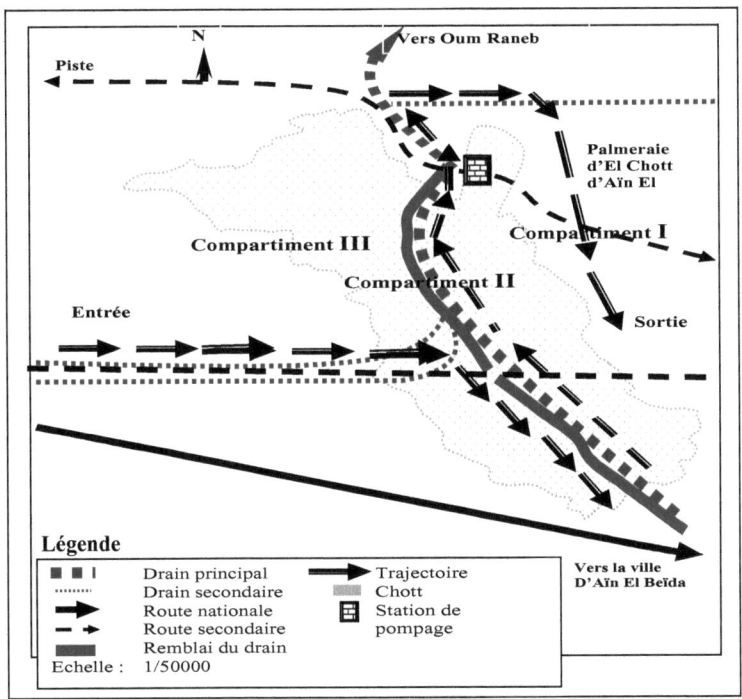

Figure 7 : *Plan d'échantillonnage de l'avifaune du Chott*

1.1.3. Analyse de la structure du peuplement

Jusqu'à présent, l'état des connaissances des oiseaux qui fréquentent le Chott d'Aïn El Beïda n'est pas complètement défini, même les espèces les plus observées dans ce site n'ont pas un statut phénologique justifié, citons le cas du Gravelot à collier interrompu, l'Echasse blanche, l'Avocette élégante, le Flamant rose et la Tadorne casarca.

L'étude du peuplement donne une idée réelle de l'état de toutes les espèces existantes dans le site d'étude, en plus elle permet de connaître la situation de chaque espèce par rapport à l'ensemble des populations aviennes.

1.1.3.1. Richesse totale (S) et moyenne (s)

La richesse d'une station S1 est le nombre d'espèces notées lors d'un relevé. La richesse totale **S** d'un peuplement est le nombre total d'espèces recensées dans **N** stations d'un milieu.

La richesse moyenne (s) d'un peuplement ou richesse stationnelle moyenne par milieu est le nombre moyen d'espèces contactées à chaque relevé (Blondel, 1975): $s = s1/N$

Où **s1 (s1, s2, ..., sn)** sont respectivement le nombre d'espèces observées à chacun des relevés 1, 2, …..n.

La richesse moyenne permet de calculer l'homogénéité du peuplement ; plus la variance de la richesse moyenne est élevée, plus l'hétérogénéité est forte (Ramade, 1984).

1.1.3.2. Constance

La constance **C** d'une espèce est le rapport exprimé sous la forme de pourcentage du nombre de relevés où l'espèce est présente par rapport au nombre total des relevés effectués (Dajoz, 1982).

$$C = P/N \times 100$$

P est le nombre de relevé contenant l'espèce étudiée et **N** et le nombre total de relevés.

En fonction de la valeur de C, on distingue les catégories suivantes (Muller, 1985) :

- Espèces omniprésentes (Fi = 100%) ;
- Espèces constante (75% ≤ Fi < 100) ;
- Espèces régulière (50% ≤ Fi < 75%) ;
- Espèces communes (25% ≤ Fi < 50%) ;
- Espèces rares (5% ≤ Fi < 25%) ;
- Espèces exceptionnelle (Fi < 5%).

1.1.3.3. Indice de diversité de Shannon

L'indice de diversité H de Shannon fait appel à la théorie de l'information (Dajoz, 1971). L'indice de Shannon est pratiquement indépendant de la taille de l'échantillon et tient compte de l'abondance relative de chaque espèce. La diversité est fonction de la probabilité **Pi** de présence de chaque espèce *i* dans un ensemble d'individus (**Pi** = nombre d'individus de l'espèce *i* par rapport au nombre total d'individus **Pi = ni / N**). La valeur de **H** est donnée par la formule **H = - Σ pi log pi**, (le logarithme utilisé étant de base 2).

1.1.3.4. Equitabilité

C'est le rapport de la diversité observée à la diversité théorique. Cet indice mesure l'écart d'un peuplement par rapport à son équilibre théorique.

$$E = H' / H'_{max} \text{ où : } H' = \log_2 S$$

L'équitabilité varie de 0 à 1. Elle tend vers 0 quand la quasi totalité des effectifs est concentrée sur une espèce et vers 1 lorsque toutes les espèces ont une même abondance. C'est le cas théoriquement inexistant dans la nature, dans la mesure où il existe toujours des espèces rares dans un peuplement (Barbault, 1981).

1.1.3.5. Dominance

La dominance d'une espèce *i* dans un peuplement est la moyenne, pour tous les relevés, du rapport entre son effectif et l'effectif de l'ensemble des espèces contactées dans un relevé.

$$IDo = \sum_{I=1}^{I=R} di / R \text{ où } di = ni / N$$

ni : effectif de l'espèce i dans un relevé ;
N : abondance du peuplement dans le même relevé ;
R : nombre total des relevés.

2. Etude de la phénologie de la reproduction et du régime alimentaire du Gravelot à collier interrompu

2.1. Biologie de la reproduction

Le site d'étude comporte deux grands compartiments distincts séparés par un autre plus petit. Le premier localisé à l'Est, est limité par la palmeraie du village d'El Chott, alimenté principalement par des eaux pures de drainage et riche en différents types de végétation (compartiment I). Le deuxième à l'Ouest, reçoit les eaux de drainage mêlées à des eaux usées (compartiment III). Les deux compartiments se séparent par le remblai du grand collecteur des drains (compartiment II) (Fig. 8).

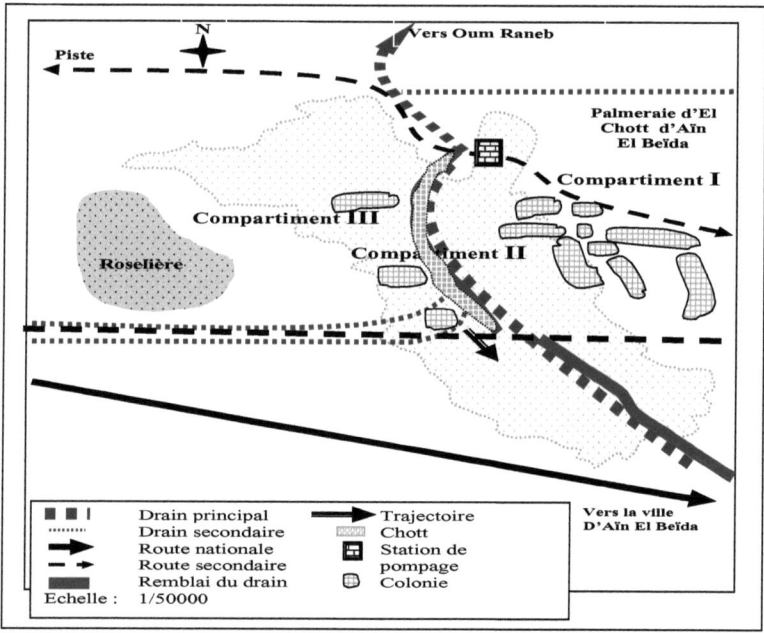

Figure 8 : *Répartition des trois compartiments et de leurs colonies*

214 nids ont fait l'objet d'un suivi régulier durant la période allant du mois d'Avril au mois de juillet 2005. Pour cela, nous avons noté :

- **Mensurations des nids :** Nous avons réalisé des mensurations pour chaque nid trouvé, en mesurant ses diamètres, sa profondeur et la distance qui le sépare de l'eau.

En plus des types de matériaux de construction utilisés par l'espèce, nous avons noté les différents supports des nids.

- **Date de ponte :** Correspond à la date de ponte du premier œuf ;
- **Grandeur de ponte :** C'est le nombre d'œufs qu'une femelle peut pondre ;
- **Intervalle de ponte :** C'est la durée enregistrée entre l'émission de deux œufs consécutifs dans le même nid ;
- **Période de ponte :** Elle représente l'intervalle entre la date de ponte du premier œuf du couple le plus précoce et celle du couple le plus tardif (pour toutes les dates le 1 avril correspond au jour 1) ;
- **Mensurations des œufs :** Dans chaque couvée, nous avons calculé la masse moyenne de l'œuf à partir de la pesée de la couvée entière, à l'aide d'une balance électronique (précision 1g). Nous avons également mesuré la longueur et la largeur de chaque œuf à l'aide d'un pied à coulisse (précision 0.05 cm). Chaque œuf est mesuré le jour même de sa ponte. Nous avons aussi calculé le volume des œufs en utilisant l'équation :

$$EV (cm^3) = 0.486 \times L \times l^2 \quad \text{(Szekely et al., 1993).}$$

EV : Le volume, **L** : Longueur de l'œuf et **l** : Largeur de l'œuf.

- **Durée d'incubation** qui est la durée entre la ponte et l'éclosion. Elle se calcule dans le cas du Gravelot à collier interrompu dès la ponte du deuxième œuf ;
- **Date d'éclosion** pour chaque nid, nous avons enregistré la date moyenne d'éclosion de tous les œufs ;
- **Intervalle d'éclosion** qui est la durée entre l'éclosion de deux œufs successifs dans le même nid ;
- **Succès à l'éclosion** qui correspond au nombre d'œufs éclos sur le nombre d'œufs pondus.

En plus de ces paramètres, nous avons estimé les densités des nids pour chaque colonie (nous désignons par colonie, un groupe d'individus d'une même ou de différentes espèces occupant une surface pour nicher. Les colonies du *Charadrius alexandrinus* se répartissent sur les trois compartiments de façon inégale).

Le suivi des jeunes durant toute la période qui précède leur envol a été effectué par la méthode de capture-baguage-recapture. Les poussins sont capturés aux alentours ou dans les cavités de nidification pour être bagués. On mesure à chaque capture l'envergure, la longueur totale de l'aile, celle du bec et du culmen, le tarso-métatarse ainsi que la masse corporelle.

3. Méthode d'estimation qualitative d'invertébrés

Dans notre étude des invertébrés, nous avons essayé d'adopter les méthodes classiques de piégeage, celle du filet fauchoir et des pots Barber. D'autres procédés ont été utilisés, et qui ont été de grande valeur comme le ramassage manuel ainsi que les pièges adhésifs, le ramassage des proies trouvées dans les nids d'Araignées qui sont souvent intactes et facile à récupérer.

3.1. Filet fauchoir

Elle a pour but de déloger les insectes des végétaux, mais surtout, ceux qui se trouvent sur la cime des herbes (Benkhelil, 1992).

3.2. Pots Barber

C'est le type le plus utilisé pour l'échantillonnage des invertébrés qui se déplacent à la surface du sol (Benkhelil, 1992). Le matériel est enterré, verticalement, de façon à ce que l'ouverture se trouve soit légèrement au-dessus du sol, soit à ras du sol. La terre étant tassée autour, afin d'éviter l'effet barrière pour les petites espèces (Benkhelil, 1992). La remontée des eaux du site constitue le principal inconvénient de cette méthode, elles provoquent le remplissage des boites utilisées pour le piégeage.

3.3. Pièges adhésifs

A l'aide des rameaux de jonc entourés d'un anneau de glue permet de fixer quelques insectes tels que les mouches, les moustiques et les fourmis.

L'inconvénient de cette méthode est que la colle abîme les spécimens, surtout ceux de petites tailles.

3.4. Méthode biologique

Ce sont essentiellement les proies potentielles d'Araignées qui sont conservées par ces dernières dans leurs nids. Ces proies sont intactes et faciles à récolter. On ne fait que chercher les nids d'Araignées pour avoir le maximum de proies.

L'étude du régime alimentaire du Gravelot à collier interrompu nous a aussi permis d'avoir une idée sur les invertébrés existants dans le site.

3.5. Conservation des échantillons

Les échantillons récoltés sont conservés dans des tubes avec de l'alcool (Ethanol à 70 %) pour permettre de les identifier au laboratoire à travers des guides et des clés d'identification appropriées.

4. Etude de la structure du régime alimentaire

La connaissance du régime alimentaire d'une espèce et de ses variations au cours du cycle annuel est nécessaire à la connaissance de sa niche écologique. Cette connaissance doit intégrer la typologie des milieux exploités par l'espèce, les ressources disponibles et exploitables dans le milieu ainsi que le comportement alimentaire en fonction des fluctuations des principaux discriminants du milieu (exemple le niveau d'eau dans le site).

Le régime alimentaire varie en fonction des saisons, selon les disponibilités alimentaires et l'activité des animaux (Dajoz, 1982), ainsi, il varie aussi en fonction de l'écophase de chaque espèce (Dajoz, 1982).

L'étude du régime alimentaire peut être réalisée selon plusieurs techniques dont les analyses stomacales, celles des pelotes de réjection, des restes alimentaires, celles de fientes et par observation directe.

4.1. Contenus stomacaux

Les analyses stomacales apportent des renseignements intéressants mais le plus souvent imposent la mise à mort de nombreux oiseaux tout au long du cycle annuel de présence. La méthode des contenus stomacaux présente cependant des inconvénients ; les différentes proies sont digérées à des vitesses variables et disparaissent dans le tube digestif de manière plus ou moins rapide.

Nous avons procédé à la méthode d'analyse des contenus stomacaux des individus trouvés morts suivant les méthodes classiques de dissection. Dans un bac de dissection à l'aide d'épingles piquées au niveau du cou, des pattes et des ailes et avec une paire de ciseaux une ouverture est effectuée le long de l'abdomen, allant de l'anus jusqu'au cou. On récupère ensuite le tube digestif dans une boite de Pétri contenant un peu d'alcool, d'une manière à séparer les organes, tels que le gésier et les intestins et à conserver les contenus pour les identifiés. On vide le tube digestif à ses différents niveaux : œsophage, gésier et les intestins, puis on observe sous une loupe binoculaire le contenu et on procède à la méthode d'identification des proies (la comparaison des organes trouvés avec ceux des insectes, crustacés déjà identifiés dans le site d'étude), l'identification de la classe, de l'ordre, de la famille ou du genre auxquels les invertébrées proies appartiennent, est basée sur la présence d'une partie du corps de l'arthropode. Cela peut être une tête, une mandibule, une maxille, une chélicère, une pince, un thorax, une patte, un fémur, un tibia, un tarse ou un élytre. En terme d'effectifs un individu est représenté soit par une tête ou un thorax, soit par deux mandibules ou deux élytres l'un étant droit et l'autre gauche ou par six tibias ou six fémurs (Talmat et *al.*, 2004).

4.2. Observation directe

C'est une méthode qualitative nécessite une connaissance préliminaire des ressources alimentaires des sites où se nourrissent les oiseaux. Elle est difficile à mettre en œuvre pour les espèces de petite taille, ou qui ne se laissent pas facilement approcher (Dajoz, 1982) et lorsque plusieurs coexistent en un même lieu. Toutes les proies ingérées sont notées et déterminées le plus précisément possible lors de séances d'observations systématiques. Un oiseau s'alimentant est suivi jusqu'à ce qu'il quitte la zone observée.

L'analyse du régime alimentaire a été réalisée à plusieurs reprises en utilisant les deux méthodes. Les résultats des observations sur le régime alimentaire sont le plus souvent présentés en fréquence d'items (proies animales et/ou végétaux) consommés. La richesse est exprimée par l'indice de Shannon qui permet d'avoir un ensemble d'informations sur la structure de l'ensemble de proies ingurgitées.

Une récolte des invertébrés a été réalisée dans la zone d'alimentation habituelle de l'espèce (Fig.9) pour pouvoir les comparés avec les contenus stomacaux des individus capturés. Ces derniers sont au nombre de quinze, dont six poussins de différents âges, et neuf adultes.

L'identification des arthropodes a été faite à l'aide des guides d'identification des insectes tels que : Chopard (1943; 1956) ; Aguesse (1968); Bernard (1968) ; Villiers (1977) ; Dierl et Ring (1992) ; Haupt (2000) ; Tachet et *al*. (2000) et Robert (2001).

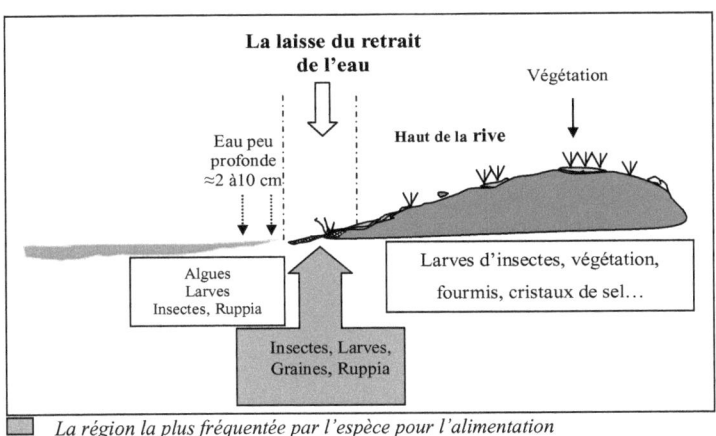

Figure 9 : Territoire alimentaire du Charadrius alexandrinus

5. Analyse statistique des données

L'analyse statistique a été effectuée pour chaque paramètre étudié en calculant la moyenne, l'écart type et les extrêmes. Nous avons utilisé l'analyse de variance

(ANOVA) pour comparer deux ou plusieurs moyennes entre elles. Le coefficient de Pearson pour analyser les corrélations entre certains paramètres. Pour cela, nous avons utilisé *Statistix* 8 comme logiciel.

CHAPITRE 3. ANALYSE DE LA STRUCTURE DU PEUPLEMENT AVIEN DU CHOTT D'AÏN EL BEÏDA

1. Description du peuplement

L'utilisation des différentes méthodes d'échantillonnage de l'avifaune nous a permis d'obtenir les résultats rassemblés dans le tableau (3).

L'examen de ce tableau montre que les 76 espèces d'oiseaux recensées se répartissent en 10 ordres et 27 familles taxonomiques. La plus importante des familles est celle des Scolopacidae avec 11 espèces représentatives, suivi par les Anatidae représentés par 9 espèces, puis par les Ardeidae et les Turdidae avec chacune 6 espèces, les Sylviidae avec 5 espèces, les Hirundinidae et les Rallidae sont représentées chacune par 4 espèces.

Tableau 3 : *Composition du peuplement avien du Chott durant la période 2004-2005*

Ordres	Familles	Espèces
Falconiformes	Accipitridae	*Circus aeruginosus* (Linné, 1758)
		Elanus caeruleus (Desfontaines, 1789)
		Buteo rufinus (Cretzschmar, 1829)
	Falconidae	*Falco tinnunculus* Linné, 1758
		Falco biarmicus Temmink, 1825
Ansériformes	Anatidae	*Anas platyrhynchos* Linné, 1758
		Anas acuta Linné, 1758
		Anas penelope Linné, 1758
		Anas clypeata Linné, 1758
		Anas querquedula Linné, 1758
		Aythya nyroca (Linné, 1758)
		Marmaronetta angustirostris
		Tadorna ferruginea (Pallas, 1764)
		Tadorna tadorna (Linné, 1758)
Apodiformes	Apodidae	*Apus apus* Linné, 1758
Charadriiformes	Charadriidae	*Charadrius hiaticula* Linné, 1758
		Charadrius alexandrinus Linné, 1758
		Charadrius dubius Scopoli, 1786
	Scolopacidae	*Calidris ferruginea* (Pontop., 1763)

		Calidris minuta (Leisler, 1812)
		Gallinago gallinago (Linné, 1758)
		Lymnocryptes minimus (Brun., 1764)
		Tringa erythropus Linné, 1758
		Philomachus pugnax (Linné, 1758)
		Tringa ochropus Linné, 1758
		Tringa totanus Linné, 1758
		Tringa hypoleucos Linné, 1758
		Tringa glareola Linné, 1758
		Tringa nebularia (Gunnerus, 1767)
	Sternidae	*Chlidonias hybridus* (Pallas, 1811)
		Sterna caspia Pallas, 1770
	Recurvirostridae	*Recurvirostra avosetta* Linné, 1758
		Himantopus himantopus (Linné, 1758)
	Glareolidae	*Glareola pratincola* (Linné, 1766)
Ciconiiformes	Ciconiidae	*Ciconia ciconia* (Linné, 1758)
	Phoenicopteridae	*Phoenicopterus ruber* Linné, 1758
	Ardeidae	*Egretta garzetta* (Linné, 1766)
		Ardea alba Linné, 1758
		Ardea cinerea Linné, 1758
		Bubulcus ibis (Linné, 1758)
		Nycticorax nycticorax (Linné, 1758)
		Ixobrychus minutus (Linné, 1766)
	Threskiornithidae	*Plegadis falcinellus* (Linné, 1766)
Passériformes	Corvidae	*Corvus ruficollis* Lesson, 1831
	Passeridae	*Passer* sp
	Hirundinidae	*Hirundo rustica* Linné, 1758
		Delichon urbica (Linné, 1758)
		Riparia riparia (Linné, 1758)
		Hirundo daurica Laxmann, 1769
	Laniidae	*Lanius senator* Linné, 1758
		Lanius meridionalis elegans L., 1758
	Motacillidae	*Motacilla flava iberiae* Linné, 1758
		Motacilla flava feldegg Linné, 1758
		Motacilla alba alba Linné, 1758
	Sylviidae	*Sylvia borin* (Boddaert, 1783)
		Sylvia atricapella Linné
		Sylvia melanocephala (Gmelin, 1789)
		Phylloscopus trochilus (Linné, 1758)
		Acrocephalus schoenobaenus (L. 1758)
	Turdidae	*Cercotrichas galactotes* (Tenm., 1820)
		Luscinia svecica cyanecula (L., 1758)
		Phoenicurus ochruros (Gmelin, 1774)

			Oenanthe oenanthe (Linné, 1758)
			Saxicola torquata (Linné, 1766)
			Saxicola rubetra (Linné, 1758)
		Timaliidae	Turdoides fulvus (Desfontaines, 1787)
		Muscicapidae	Muscicapa striata (Pallas, 1764)
		Meropidae	Merops apiaster Linné, 1758
Coraciadiforme		Upupidae	Upupa epops Linné, 1758
Ralliformes		Rallidae	Fulica atra Linné, 1758
			Porzana porzana (Linné, 1766)
			Gallinula chloropus (Linné, 1758)
			Rallus aquaticus Linné, 1758
Strigiformes		Strigidae	Asio flammeus (Pontoppidan, 1763)
Columbiformes		Columbidae	Streptopelia senegalensis (L., 1766)
			Streptopelia turtur (Linné, 1758)
			Streptopelia decaocto (Frival., 1838)
Total:	10	27	76

Parmi les espèces qui fréquentent le Chott (Tab.4), 29 espèces sont hivernantes. Les migrateurs de passage sont représentés par 21 espèces, les sédentaires par 18 espèces, et les estivants par 7 espèces. Ces espèces sont des oiseaux d'eau, des passereaux et des rapaces.

Tableau 4 : Catégories phénologiques des oiseaux du Chott

N	Espèces	Nom scientifique	Statut phénologique
1	Busard des roseaux	Circus aeruginosus	H
2	Elanion blanc	Elanus caeruleus	V P
3	Tarier des près	Saxicola rubetra	V P
4	Canard colvert	Anas platyrhynchos	H
5	Canard pilet	Anas acuta	H
6	Canard siffleur	Anas penelope	H
7	Canard souchet	Anas clypeata	H
8	Fuligule nyroca	Aythya nyroca	H
9	Sarcelle d'été	Anas querquedula	H
10	Sarcelle marbrée	Marmaronetta angustirostris	E
11	Tadorne casarca	Tadorna ferruginea	S N
12	Tadorne de belon	Tadorna tadorna	H
13	Martinet noir	Apus apus	V P
14	Aigrette garzette	Egretta garzetta	S
15	Grande aigrette	Ardea alba	H
16	Héron cendré	Ardea cinerea	S

17	Héron garde bœufs	*Bubulcus ibis*	H
18	Bihoreau gris	*Nycticorax nycticorax*	V P
19	Grand Gravelot	*Charadrius hiaticula*	E
20	Gravelot à collier interro.	*Charadrius alexandrinus*	S N
21	Petit Gravelot	*Charadrius debius*	V P
22	Cigogne blanche	*Ciconia ciconia*	V P
23	Corbeau brun	*Corvus ruficollis*	S
24	Faucon crécerelle	*Falco tinnunculus*	V P
25	Faucon lanier	*Falco hiarmicus*	H
26	Glaréole à collier	*Glareola pratincola*	V P
27	Hirondelle de cheminée	*Hirundo rustica*	V P
28	Hirondelle de fenêtre	*Delichon urbica*	V P
29	Hirondelle de rivage	*Riparia riparia*	V P
30	Hirondelle rousseline	*Hirundo daurica*	V P
31	Pie-grièche à tête rousse	*Lanius senator*	E
32	Pie-grièche grise	*Lanius meridionalis*	S N
33	Guêpier d'Europe	*Merops apiaster*	V P
34	Bergeronnette printanière	*Motacilla flava*	V P
35	Bergeronnette grise	*Motacilla alba*	H
36	Gobe-mouche gris	*Muscicapa striata*	S
37	Flamant rose	*Phoenicopterus ruber*	S (N)
38	Foulque macroule	*Fulica atra*	H
39	Marouette ponctuée	*Porzana porzana*	H
40	Poule d'eau	*Gallinula chloropus*	S N
41	Râle d'eau	*Rallus aquaticus*	H
42	Avocette élégante	*Recurvirostra avosetta*	E N
43	Echasse blanche	*Himantopus himantopus*	S N
44	Bécasseau cocorli	*Calidris ferruginea*	V P
45	Bécasseau minute	*Calidris minuta*	S
46	Bécassine des marais	*Gallinago gallinago*	H
47	Bécassine sourde	*Lymnocryptes minimus*	H
48	Chevalier arlequin	*Tringa erythropus*	H
49	Chevalier combattant	*Philomachus pugnax*	S
50	Chevalier cul-blanc	*Tringa ochropus*	H
51	Chevalier gambette	*Tringa totanus*	H
52	Chevalier guignette	*Tringa hypoleucos*	H
53	Chevalier sylvain	*Tringa glareola*	H
54	Chevalier aboyeur	*Tringa nebularia*	V P
55	Guifette moustac	*Chlidonias hybridus*	V P
56	Sterne Caspienne	*Sterna caspia*	V P
57	Hiboux des marais	*Asio flammeus*	-
58	Fauvette des jardins	*Sylvia borin*	H
59	Fauvette à tête noire	*Sylvia atricapilla*	H

60	Fauvette Melanocephale	*Sylvia melanocephala*	H
61	Pouillot fitis	*Phylloscopus trochilus*	S N
62	Phragmite des joncs	*Acrocephalus schoenobaenus*	S
63	Ibis falcinelle	*Plegadis falcinellus*	V P
64	Cratérope fauve	*Turdoides fulvus*	E
65	Agrobate roux	*Cercotrichas galactotes*	V P
66	Gorge bleu à miroir blanc	*Luscinia svecica cyanecula*	H
67	Rouge queue noir	*Phoenicurus ochruros*	H
68	Traquet motteux	*Oenanthe oenanthe*	V P
69	Tarier pâtre	*Saxicola torquata*	H
70	Huppe fasciée	*Upupa epops*	S
71	Buse féroce	*Buteo rufinus*	H
72	Tourterelle maillée	*Streptopelia senegalinsis*	S
73	Tourterelle turque	*Streptopelia decaocto*	S
74	Tourterelle des bois	*Streptopelia turtur*	E
75	Blongios nain	*Ixobychus minutus*	E
76	Moineau ind.	*Passer sp*	S

Catégorie phénologique : S : sédentaire; N : nicheur ; V P : visiteur de passage ; H : hivernant ; E : estivant ; ( ) : probable.

En ce qui concerne les abondances relatives, la famille des Phoenicopteridae est la plus abondante avec 32,56 % de l'effectif total (Tab.5). Elle est suivie par les Charadriidae et les Recurvirostridae qui représentent respectivement 24,27 % et 21,60 % de l'effectif total.

Les Anatidae et les Scolopacidae sont peu abondantes et représentent successivement 6,08 % et 5,55 % de l'effectif total. Les autres familles rassemblées sont très peu abondantes et ne représentent que 9, 92 % de l'effectif total (Tab.5).

Tableau 5 : Les familles d'oiseaux du Chott d'Aïn El Beïda et leurs abondances

N	Familles	Nombre d'espèces	%	Abondances	%
1	**Accipitridae**	3	0.039	**102**	0.041
2	**Anatidae**	9	0.118	**15054**	6.088
3	**Apodidae**	1	0.013	**159**	0.064
4	**Ardeidae**	6	0.079	**1471**	0.595
5	**Charadriidae**	3	0.039	**60025**	24.275
6	**Ciconiidae**	1	0.013	**203**	0.082
7	**Corvidae**	1	0.013	**69**	0.028
8	**Falconidae**	2	0.026	**34**	0.014

9	Glareolidae	1	0.013	12	0.005
10	Hirundinidae	4	0.053	8484	3.431
11	Laniidae	2	0.026	156	0.063
12	Meropidae	1	0.013	252	0.102
13	Motacillidae	2	0.026	6347	2.567
14	Muscicapidae	1	0.013	960	0.388
15	Phoenicopteridae	1	0.013	80518	32.563
16	Rallidae	4	0.053	2882	1.166
17	Recurvirostridae	2	0.026	53408	21.599
18	Scolopacidae	11	0.145	13729	5.552
19	Sternidae	2	0.026	56	0.023
20	Strigidae	1	0.013	20	0.008
21	Sylviidae	5	0.066	3106	1.256
22	Threskiornithidae	1	0.013	7	0.003
23	Timaliidae	1	0.013	9	0.004
24	Turdidae	6	0.079	187	0.076
25	Upupidae	1	0.013	22	0.009
26	Columbidae	3	0.039	-	-
27	Passeridae	1	0.013	-	-
	Total	76		247272	

Parmi les 76 espèces recensées dans le site d'étude, 41 espèces sont des oiseaux d'eau rassemblées en 11 familles taxonomiques. La plus grande famille par son effectif est celle des Phoenicoptéridae, représentée par une seule espèce, le Flamant rose (Tab. 6).

Les Ardeidae sont représentés par six espèces ; trois hérons (cendré, bihoreau gris et le garde-bœufs), deux aigrettes (garzette et la grande aigrette) et le Blongios nain.

La famille des Anatidae est représentée par 09 espèces, la plus abondante est le canard souchet avec 48.95 % des Anatidae, suivi par la Tadorne casarca avec 26.68 %, le reste est composé d'espèces dont les effectifs ne dépassent pas 10% de l'effectif total de cette famille.

La famille des Scolopacidae est représentée par 11 espèces. L'espèce la plus abondante de cette famille est le Bécasseau minute, le plus petit échassier. Il domine par son effectif les autres espèces de cette famille. Autre espèce du genre Calidris s'y installée au printemps, le Bécasseau cocorli ; elle occupe la deuxième place dans cette famille.

La famille des Recurvirostridae représentée par l'Echasse blanche et l'Avocette élégante constitue la troisième principale famille des oiseaux d'eau, après les Phoenicoptéridae et les Charadriidae. Elle renferme 23.49 % de l'effectif total des oiseaux d'eau du site.

L'Echasse blanche, qui est sédentaire dans la région de Ouargla constitue 87.81 % de l'effectif total de cette famille. L'Avocette élégante ne représente que 12,19 %.

Tableau 6 : Les oiseaux d'eau recensés dans le Chott d'Aïn El Beïda (2004-2005)

Espèces	Abondance	% par famille	Familles	$\sum$ des abondances	%
Canard colvert	1247	8.28	Anatidae	15054	6.621
Canard pilet	19	0.13			
Canard siffleur	537	3.57			
Canard souchet	7369	8.95			
Fuligule nyroca	575	3.82			
Sarcelle d'été	219	1.45			
Sarcelle marbrée	186	1.24			
Tadorne casarca	4017	6.68			
Tadorne de belon	885	5.88			
Aigrette garzette	1063	72.26	Ardeidae	1471	0.647
Grande aigrette	113	7.68			
Héron cendré	121	8.23			
Héron garde-bœufs	161	10.94			
Bihoreau gris	13	0.88			
Blongios nain	-	-			
Grand Gravelot	242	0.40	Charadriidae	60025	26.400
Gravelot à C. interrompu	58361	97.23			
Petit Gravelot	1422	2.37			
Glaréole à collier	12	100	Glareolidae	12	0.005
Flamant rose	80518	100	Phoenicopteridae	80518	35.414
Foulque macroule	164	5.69	Rallidae	2882	1.268
Marouette ponctuée	4	0.14			
Poule d'eau	2551	88.52			
Râle d'eau	163	5.66			
Avocette élégante	6510	12.19	Recurvirostridae	53408	23.490
Echasse blanche	46898	87.811			

Bécasseau cocorli	2638	19.215			
Bécasseau minute	5564	40.527			
Bécassine des marais	11	0.080			
Bécassine sourde	33	0.240			
Chevalier arlequin	471	3.431			
Chevalier combattant	2751	20.038	Scolopacidae	13729	6.038
Chevalier cul-blanc	878	6.395			
Chevalier gambette	392	2.855			
Chevalier guignette	608	4.429			
Chevalier sylvain	379	2.761			
Chevalier aboyeur	4	0.029			
Guiffette moustac	50	89.286	Sternidae	56	0.0246
Sterne Caspienne	6	10.714			
Cigogne blanche	203	100	Ciconiidae	203	0.089
Ibis falcinelle	7	100	Threskiornithidae	7	0.003
Totaux	**227365**	-	**11**		

Pour la famille des Charadriidae, elle est représentée par trois espèces de Gravelots (petit, grand et à collier interrompu). La figure (10) montre que le Gravelot à collier interrompu occupe la majeure partie de l'effectif des Charadriidae (97,23 %). Les deux autres espèces ne représentent qu'une proportion faible 2,37 % et 0,40 % respectivement pour le petit et le grand gravelot.

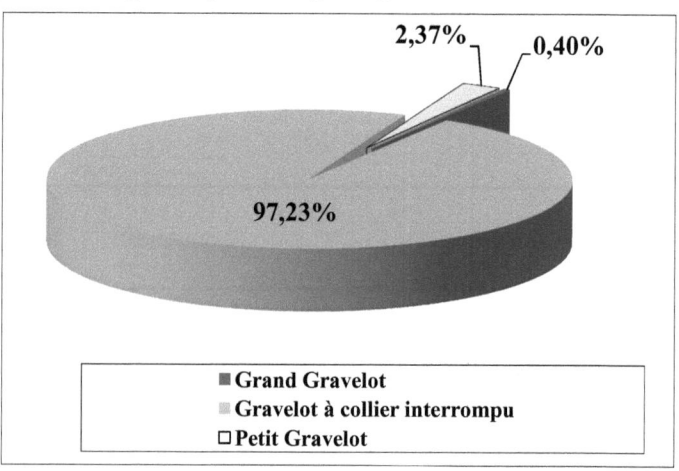

Figure 10 : Proportions des principales espèces de Charadriidae du Chott

Les Rapaces, groupe à valeur écologique importante, sont représentés par trois familles et six espèces (Tab.7). La famille des Accipitridae (Tab.7) figure comme la grande famille des rapaces en fréquence d'occurrence (65,38 % espèces rassemblées), suivie de celle des Falconidae par 21,79 % et des Strigidae représentés par le seul rapace nocturne du site (le Hibou des marais) avec 12,82 %.

Le Busard des roseaux domine les autres espèces par sa présence, 62,82 % des effectifs des rapaces (Tab.7). Le Faucon lanier avec 19,87 % figure en deuxième place, suivi par le Hibou des marais avec 12,82 % de l'effectif total des rapaces.

Tableau 7 : *Les rapaces du Chott d'Aïn El Beïda (2004-2005)*

N°	Espèces	Nom scientifique	Famille	Abondance	%
1	Busard des roseaux	*Circus aeruginosus*	Accipitridae	98	62,82
2	Elanion blanc	*Elanus caeruleus*		4	2,56
3	Buse féroce	*Buteo rufinus*		-	-
4	Faucon crécerelle	*Falco tinnunculus*	Falconidae	3	1,92
5	Faucon lanier	*Falco biarmicus*		31	19,87
6	Hibou des marais	*Asio flammeus*	Strigidae	20	12,82
	Total	6	3	156	100

Le troisième groupe des oiseaux recensés est celui des passereaux, représentés dans le tableau (8). L'analyse de ce dernier montre que trois familles sont dominantes, les Hirundinidae, les Motacillidae et les Sylviidae avec respectivement 45,95 %, 32,13 % et 15,72 % de l'effectif total. Les autres familles rassemblées ne constituent que 9,18 % des passereaux.

Tableau 8 : *Principales familles de passereaux du Chott d'Aïn El Beïda (2004-2005)*

Familles	Nombre d'espèces	%	Abondances	%
Apodidae	1	3.448	159	0.805
Corvidae	1	3.448	69	0.349
Hirundinidae	4	13.793	8484	42.955
Laniidae	2	6.897	156	0.790
Meropidae	1	3.448	252	1.276
Motacillidae	2	6.897	6347	32.135
Muscicapidae	1	3.448	960	4.861

Sylviidae	5	17.241	3106	15.726
Timaliidae	1	3.448	9	0.046
Turdidae	6	20.690	187	0.947
Upupidae	1	3.448	22	0.111
Columbidae	3	10.345	-	-
Passeridae	1	3.448	-	-
Total	**29**	**100**	**19751**	

1.1. Richesse totale (S) et moyenne (s)

La richesse spécifique totale est de 76 espèces. La richesse moyenne présente une valeur maximale au mois de mars avec 39,5 espèces et une valeur minimale au mois d'août avec 12 espèces seulement (Fig. 11).

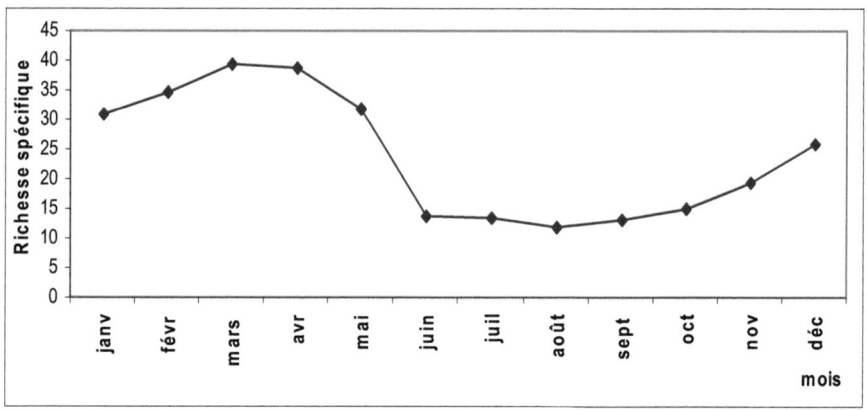

Figure 11 *: Evolution mensuelle de la richesse spécifique du peuplement avien*

Trois phases caractérisent l'évolution saisonnière de la richesse (Fig.12), celle du printemps où on remarque la valeur la plus élevée de richesse spécifique avec 37 espèces. A la fin du printemps, on peut constater une diminution de la richesse pour arriver en Eté à une moyenne de 13 espèces. Au début de l'automne, la richesse est faible avec une moyenne de 16 espèces, mais elle commence à augmenter pour atteindre en hiver 31 espèces.

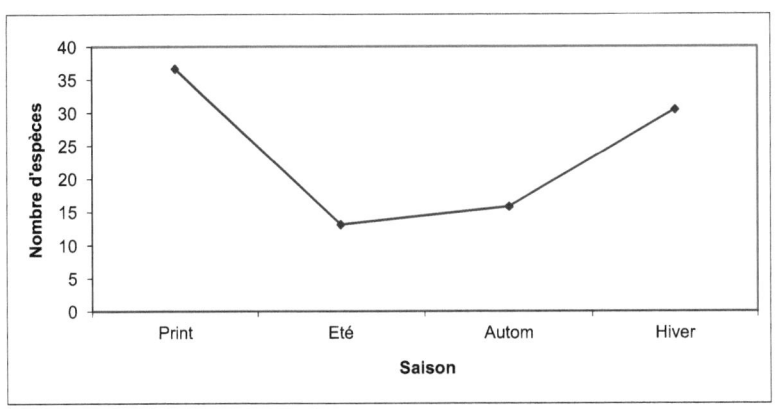

Figure 12 : *Evolution saisonnière de la richesse spécifique du peuplement avien*

1.2. Constance

Le peuplement avien peut être caractérisé par les fréquences d'apparition des espèces. Le tableau (9) indique que 8,45 % des espèces sont omniprésentes, 5,63 % sont constantes, 14,08 % sont régulières, 28,17 % sont communes, 35,21 % sont rares et 8,45 % des espèces sont exceptionnelles (Tab. 9).

Tableau 9 : *Proportions des différentes catégories de constance des espèces*

Catégorie	Pourcentage
Omniprésente	8,45
Constante	5,63
Régulière	14,08
Commune	28,17
Rare	35,21
Exceptionnelle	8,45

Ainsi, chez les oiseaux d'eau, 06 espèces sont omniprésentes, 03 espèces constantes, 04 espèces régulières, 13 espèces communes, 10 espèces rares et 04 espèces exceptionnelles.

Chez les passereaux on note, une espèce constante, 06 espèces régulières, 05 espèces communes et 14 espèces rares. Enfin, chez les rapaces, nous avons 02 espèces exceptionnelles et une espèce régulièrement commune, régulière et rare (Tab.10).

Tableau 10 : *Fréquence d'occurrence des différentes espèces aviennes du Chott*

Espèces	Occurrence (%)	Catégorie
Egretta garzetta	100	Omniprésente
Calidris minuta	100	Omniprésente
Himantopus himantopus	100	Omniprésente
Charadrius alexandrinus	100	Omniprésente
Gallinula chloropus	100	Omniprésente
Tadorna ferruginea	100	Omniprésente
Recurvirostra avosetta	98,65	Constante
Phoenicopterus ruber	91,89	Constante
Lanius meridionalis	79,73	Constante
Ardea cinerea	75.68	Constante
Philomachus pugnax	71,62	Régulière
Tringa ochropus	68,92	Régulière
Acrocephalus schoenobaenus	68,92	Régulière
Muscicapa striata	63,51	Régulière
Ardea alba	63,51	Régulière
Circus aeruginosus	60,81	Régulière
Charadrius hiaticula	60,81	Régulière
Hirundo rustica	58,11	Régulière
Motacilla alba	55,41	Régulière
Sylvia borin	54,05	Régulière
Motacilla flava iberiae	50	Régulière
Tringa totanus	48,65	Commune
Tringa hypoleucos	48,65	Commune
Tringa erythropus	47,3	Commune
Corvus ruficollis	45,95	Commune
Charadrius dubius	45,95	Commune
Tringa glareola	43,24	Commune
Anas clypeata	41,89	Commune
Rallus aquaticus	41,89	Commune
Tadorna tadorna	40,54	Commune
Delichon urbica	39,19	Commune
Riparia riparia	36,49	Commune

Aythya nyroca	35,14	Commune
Bubulcus ibis	35,14	Commune
Phylloscopus trochilus	35,14	Commune
Anas platyrhynchos	32,43	Commune
Marmaronetta angustirostris	32,43	Commune
Anas penelope	29,73	Commune
Falco biarmicus	28,38	Commune
Phoenicurus ochruros	28,38	Commune
Fulica atra	24,32	Rare
Ciconia ciconia	22,97	Rare
Asio flammeus	22,97	Rare
Anas querquedula	22,97	Rare
Lymnocryptes minimus	20,27	Rare
Upupa epops	20,27	Rare
Merops apiaster	18,92	Rare
Oenanthe oenanthe	18,92	Rare
Lanius senator	14,86	Rare
Sylvia melanocephala	13,51	Rare
Saxicola torquata	12,16	Rare
Cercotrichas galactotes	10,81	Rare
Gallinago gallinago	10,81	Rare
Sylvia atricapilla	10,81	Rare
Calidris ferruginea	9,459	Rare
Motacilla flava feldegg	9,459	Rare
Apus apus	9,459	Rare
Turdoides fulvus	8,108	Rare
Glareola pratincola	8,108	Rare
Anas acuta	6,757	Rare
Hirundo daurica	6,757	Rare
Saxicola rubetra	5,405	Rare
Luscinia svecica cyanecula	5,405	Rare
Plegadis falcinellus	5,405	Rare
Sterna caspia	5,405	Rare
Elanus caeruleus	4,054	Exceptionnelle
Falco tinnunculus	4,054	Exceptionnelle

Chlidonias hybridus	4,054	Exceptionnelle
Porzana porzana	4,054	Exceptionnelle
Tringa nebularia	2,703	Exceptionnelle
Nycticorax nycticorax	1,351	Exceptionnelle

1.3. Diversité

La diversité est importante au mois d'avril pour les deux années 2004 et 2005 avec respectivement 3,29 bits et 3,61 bits, et elle est minimale au mois d'août avec 1,39 bits.

La figure (13) montre que la diversité saisonnière progresse de l'automne à l'hiver de 2,17 bits à 2,20 bits pour arriver au pic saisonnier au printemps avec 2,98 bits, elle décroît ensuite à son minimum annuel en Eté pour atteindre 1,73 bits.

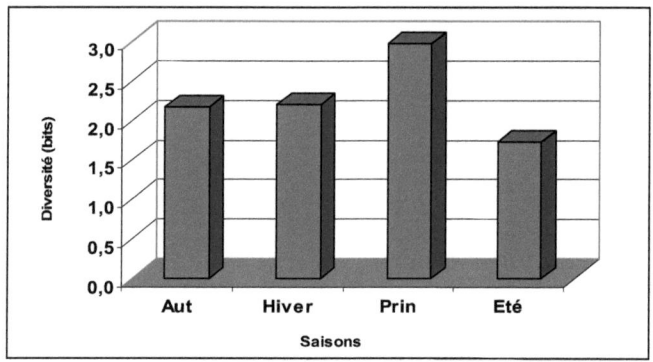

Figure 13 : *Variation saisonnière de la diversité de Shannon*

1.4. Equitabilité

L'équitabilité tend vers «1» durant Avril-mai 2004, octobre-décembre 2004 et avril-mai 2005, et tend vers zéro durant les mois de juin-septembre 2004 et janvier-mars 2005 (Fig. 14).

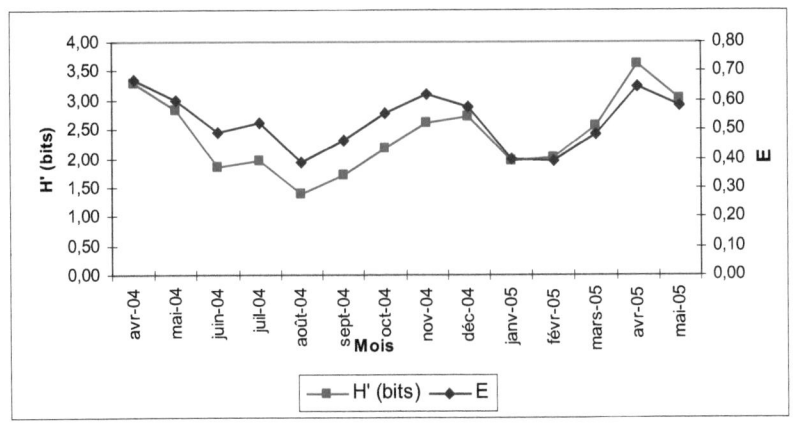

H' : Indice de diversité de Shannon; **E** : Equitabilité.

Figure 14 : Evolution mensuelle de l'indice de Shannon et de l'équitabilité 2004-2005.

1.5. Dominance

L'application de l'indice de dominance par l'utilisation des effectifs des espèces nous a permis d'obtenir les résultats mentionnés dans le tableau (11). L'analyse de ce tableau montre que les espèces les plus dominantes sont respectivement le Flamant rose (0,285) ; le Gravelot à collier interrompu (0,269) et l'Echasse blanche (0,219), alors que les espèces les moins dominantes sont la Marouette ponctuée, le chevalier aboyeur et le Faucon crécerelle avec respectivement (**9,83 x10^{-06}, 9,58 x10^{-06} et 9,52 x10^{-06}**).

Tableau 11 : Indices de dominance des espèces aviennes du Chott Aïn El Beïda (2004-2005)

N	Espèces	Dominance
1	Flamant rose	0,285
2	Gravelot à Collier Interrompu	0,269
3	Echasse blanche	0,219
4	Marouette ponctuée	9,83 x10^{-06}
5	Chevalier aboyeur	9,58 x10^{-06}
6	Faucon crécerelle	9,52 x10^{-06}

L'analyse de la figure (15) montre l'évolution saisonnière de la dominance pour certaines espèces. Ainsi le Gravelot à collier interrompu (*Charadrius alexandrinus*) est dominant durant les trois saisons, l'automne, le printemps et l'Eté.

Le Flamant rose (*Phoenicopterus ruber*) vient en deuxième place, il domine le Gravelot à collier interrompu durant l'hiver, et l'Echasse blanche (*Himantopus himantopus*) en automne et en hiver. Cette dernière est plus importante que le Flamant rose au printemps et en Eté.

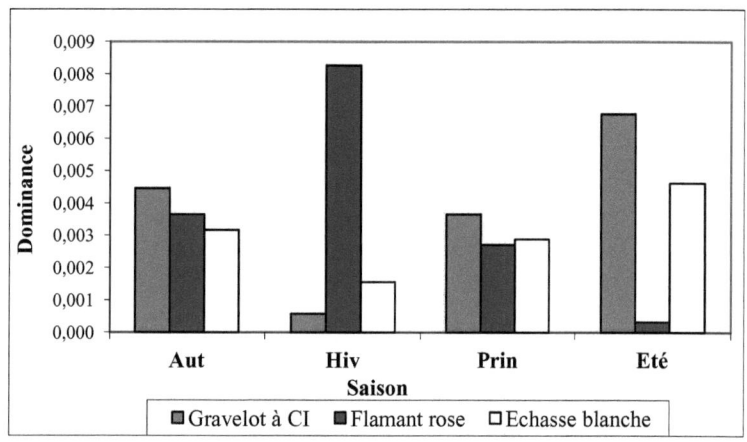

Figure 15 : *Evolution saisonnière de la dominance de quelques espèces aviennes*

1.6. Impact des fluctuations du niveau d'eau sur la structure du peuplement avien du Chott

Selon les résultats obtenus (Tab. 12), on peut classer les familles selon leur degré de relation avec les fluctuations du niveau d'eau (coefficient de corrélation de Pearson). On distingue ainsi des espèces étroitement liées ($r \geq 0{,}35$), liées ($0{,}30 \leq r < 0{,}35$) et d'autres indifférentes ($r < 0{,}30$).

Tableau 12 : *Corrélation entre l'évolution des effectifs des familles et le niveau d'eau (n=74)*

Familles	Cœfficient de corrélation	Degré de signification
Anatidae	**0.907**	0.001
Phoenicopteridae	**0.824**	0.001
Muscicapidae	**0.617**	0.001
Sylviidae	**0.624**	0.001
Accipitridae	**0.432**	0.001
Charadriidae	**-0.451**	0.001
Ardeidae	**0.346**	0.05
Rallidae	**0.307**	0.05
Recurvirostridae	**0.100**	-

Dans le premier groupe, on peut classer la famille des Anatidae (r = 0.907, P≤0,001) et des Phoenicopteridae (r = 0.824, P≤0,001) qui apparaissent étroitement liées aux fluctuations du niveau d'eau (Fig.16).

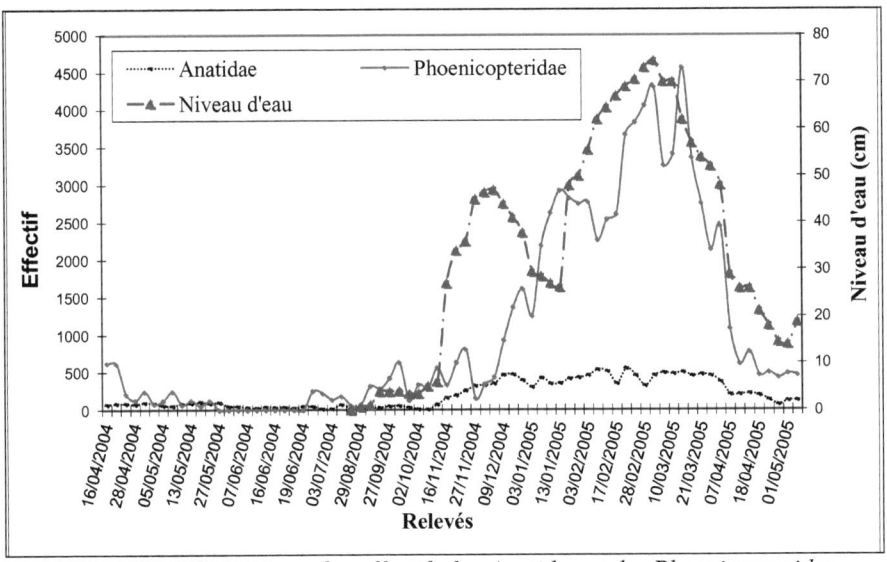

Figure 16 : *Fluctuations des effectifs des Anatidae et des Phoenicopteridae avec le niveau d'eau*

Dans le même groupe et dans la deuxième catégorie, figurent la famille des Sylviidae (r = 0.624, P≤0,001) (Fig.17), et des Muscicapidae (r = 0.617, P≤0,001) (Fig.17).

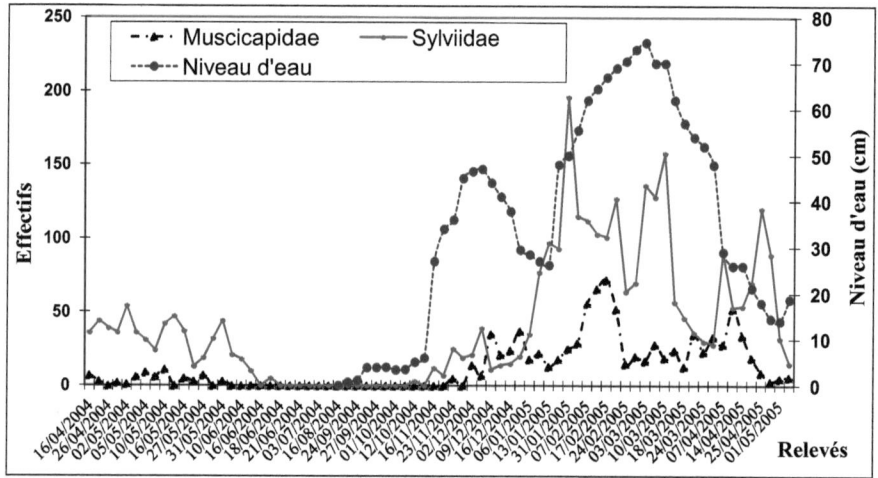

Figure 17 *: Fluctuations des effectifs des Sylviidae et des Muscicapidae avec le niveau d'eau*

La famille des Accipitridae montre aussi une corrélation positive et significative avec les fluctuations de l'eau (r = 0.432, P≤0,001) (Fig. 18).

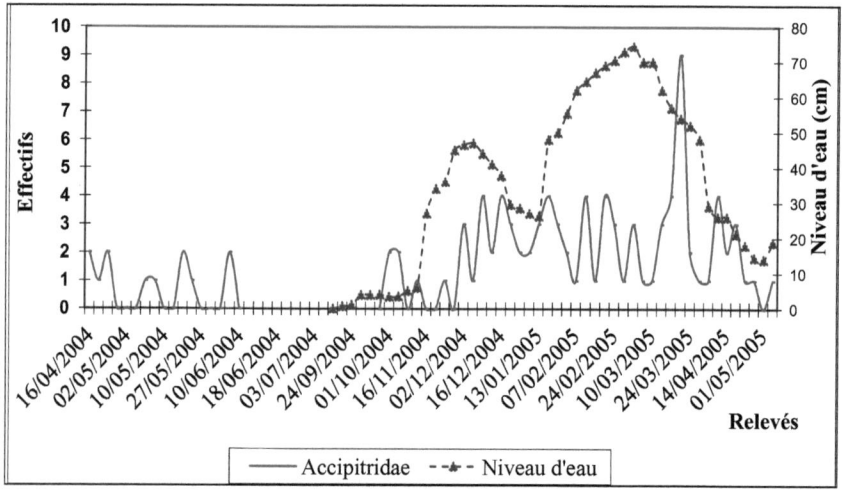

Figure 18 *: Fluctuations des effectifs des Accipitridae avec le niveau d'eau*

Les Charadriidae, corrélés négativement et significativement avec le niveau d'eau (r = - 0.451, P≤0,001) paraissent aussi dans ce groupe (Fig. 19).

Les Ardeidae (r = 0.346, P≤0,05) et les Rallidae (r = 0.307, P≤0,05) figurent en deuxième groupe.

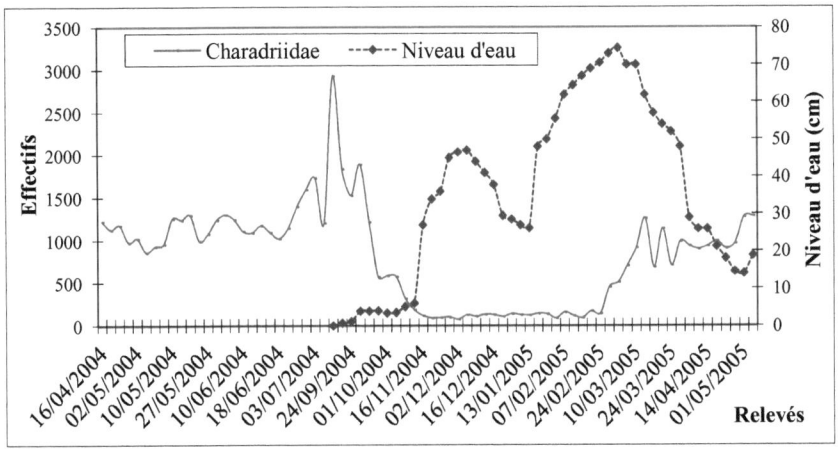

Figure 19 *: Fluctuations des effectifs des Charadriidae et du niveau d'eau*

Le dernier groupe est représenté par le reste des familles dont les Recurvirostridae, et qui ne présentent aucune réaction significative avec les changements du niveau d'eau (Fig. 20).

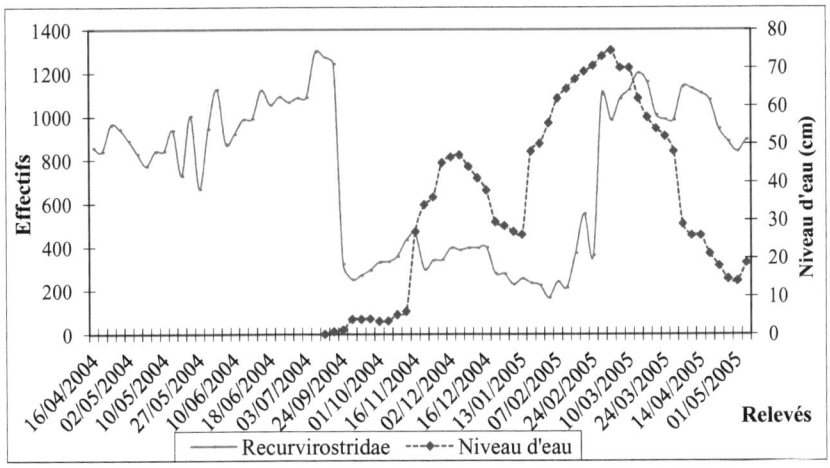

Figure 20 *: Fluctuations des effectifs des Recurvirostridae et du niveau d'eau*

Il apparaît que la structure du peuplement avien est étroitement liée aux fluctuations du niveau d'eau. Les résultats obtenus indiquent aussi que le Gravelot à collier interrompu occupe une place importante dans ce peuplement d'où la nécessité d'une étude approfondie sur cette espèce.

CHAPITRE 4. BIOLOGIE DE LA REPRODUCTION DU GRAVELOT A COLLIER INTERROMPU (*CHARADRIUS ALEXANDRINUS*)

La présence du Gravelot à collier interrompu est constatée durant toute l'année sous forme de deux populations différentes, l'une sédentaire qui compte environ 200 à 300 individus. L'autre est estivante nicheuse, ses premiers groupes ont été observés à partir du 28 février pour l'année 2005.

1. Caractéristiques des colonies

1.1. Densités des colonies

Nous avons recensé 13 colonies réparties sur les trois compartiments (est, ouest et drain). Ces colonies sont pures ou mixtes où nous notons la présence d'autres espèces comme l'Echasse blanche, l'Avocette élégante et la Tadorne casarca.

Les deux premiers compartiments sont de superficies égales, mais les densités sont significativement différentes entre les trois compartiments ($F^{2,205}$ = 39,61 ; P ≤ 0.001) (Tab. 14). Cette différence est observée entre le premier et le deuxième compartiments ($F^{1,188}$ = 34,65. P ≤ 0.001). Elle l'est également entre le compartiment I et le compartiment III ($F^{1,196}$ = 39,40. P ≤ 0.001). Par ailleurs, la densité entre le deuxième et le troisième compartiment ne montre pas de différence significative ($F^{1,26}$ = 0,25. P ≤ 0.001).

Le compartiment I est le plus important de point de vue densité des nids puisqu'il contient 86,54 % des nids étudiés (Tab. 13).

Tableau 13 : *Densités et répartition des nids dans les trois compartiments*

	Superficie (Ha)	Nombre de nids	Densité (nids/Ha)	Proportion des nids (%)
Compartiment I	1,5805	180 (+2 isolés)	113.89	86.54
Compartiment II	1,6000	10	6,25	4.81
Compartiment III	2,5082	18 (+ 4 isolés)	7.18	8.65

Le compartiment le plus important en nombre de nids est le compartiment I avec 180 nids, il renferme les colonies les plus importantes, la première colonie avec 58 nids (Tab. 14), suivie par la quatrième colonie avec 32 nids, puis par la deuxième colonie avec 30 nids (Tab.14).

Les colonies mixtes présentent un faible nombre de nids de Gravelot, qui varie de 2 à 4 nids par colonies.

Les colonies « pures » du *Charadrius alexandrinus* sont observées au compartiment II, ces dernières comportent jusqu'à 10 nids.

Sur les 214 nids de Gravelot étudiés, 6 nids sont isolés et sont considérés comme ne faisant pas partie des colonies.

Tableau 14 *: Densités et répartitions des nids du* Charadrius alexandrinus *dans le Chott*

N°	Colonie	Compartiment	Superficie (m²)	Nombre de nids	Densité (nids/ Ha)	Type de colonie
1	Colonie 1	Compartiment I (Est)	2650	58	41,43	Mixte
2	Colonie 2		1950	30	113,21	Mixte
3	Colonie 3		3450	10	51,28	Mixte
4	Colonie 4		3450	32	92,75	Mixte
5	Colonie 5		580	18	310,34	Mixte
6	Colonie 6		1080	8	74,07	Mixte
7	Colonie 7		1280	13	101,56	Mixte
8	Colonie 8		420	2	47,62	Mixte
9	Colonie 9		945	9	95,24	Mixte
10	Colonie 13	Compartiment II	16000	10	6,25	Pure
11	Colonie 10	Compartiment III (Ouest)	22400	10	4,46	Pure
12	Colonie 11		432	4	92,59	Mixte
13	Colonie 12		2250	4	17,78	Mixte

1.2. Caractéristiques des nids

Le Gravelot à collier interrompu pond ses œufs dans une dépression creusée au sol. Nous avons recensé plusieurs types de nids en fonction de la nature des matériaux utilisés. Les nids sont faits soit de croûte de sel, soit de Salicorne, soit d'un mélange de Salicorne et de croûte de sel, ou bien de croûte de sel et d'autres types de végétation ou de plume (Tab.15) et (Annexes-Photo 7 à 10).

***Tableau 15** : Proportions des types de nids du Gravelot à C.I. dans les colonies*

Colonies	Matériaux			
	100croûte	100salicorne	50salicorne 50croûte	Mixte
Colonie 1	41,38	15,52	12,07	31,03
Colonie 2	36,67	6,67	23,33	33,33
Colonie 3	25,00	0,00	25,00	50,00
Colonie 4	62,50	3,13	9,38	31,25
Colonie 5	88,89	0,00	0,00	11,11
Colonie 6	37,50	0,00	12,50	50,00
Colonie 7	30,77	7,69	15,38	46,15
Colonie 8	50,00	0,00	50,00	0,00
Colonie 9	55,56	11,11	22,22	11,11
Colonie 10	100,00	0,00	0,00	0,00
Colonie 11	100,00	0,00	0,00	0,00
Colonie 12	75,00	0,00	0,00	25,00
Colonie 13	80,00	10,00	0,00	10,00
Nids isolés	66,66	00,00	0,00	33,33

Les matériaux de constructions varient d'un compartiment à l'autre suivant un gradient Est-Ouest. Le compartiment I est le plus diversifié en qualité de matériaux.

Nous constatons une augmentation des nids à croûte de sel en allant de l'est (compartiment I) vers l'ouest (compartiment III). Dans les trois compartiments, les nids confectionnés avec la croûte de sel sont majoritaires (Fig.21).

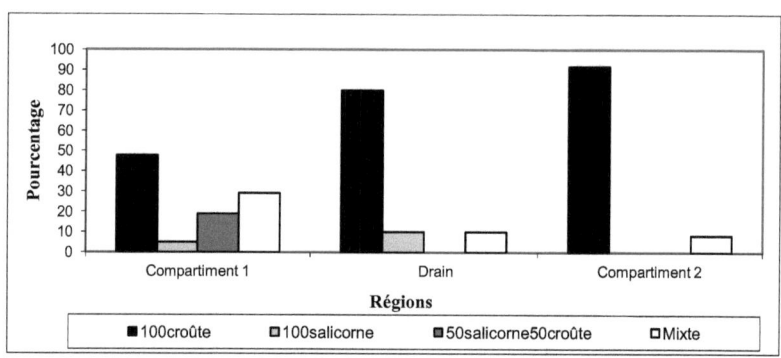

Figure 21 : *Proportions des différents matériaux des nids dans les trois compartiments*

Les nids sont disposés sur deux types de supports, nous avons les plages (qui sont les parties séparant la terre rigide et l'eau, elles peuvent s'étaler pour plusieurs mètres), et l'encroûtement et sont majoritairement construits sur les plages (132 nids) (Fig. 22) et (Annexes-Photo. 11 et 12).

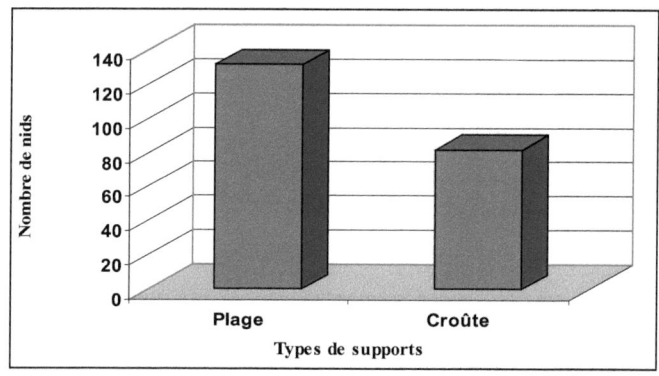

Figure 22 : *Les principaux supports des nids du Gravelot à collier interrompu*

La distance moyenne des nids par rapport à la berge est de 5,29 ± 6,04 mètres dont les extrêmes sont de 0,1 et 30 m (Tab. 16).

Tableau 16 : *Distances des nids par rapport à la berge dans le site d'étude*

Régions	n	Distance à l'eau (m). m ± Sd	Extrêmes (m)
Compartiment I	182	5,28 ± 6,23	0,25 - 30
Compartiment II	10	7,35 ± 2,84	0,70 - 10
Compartiment III	22	4,39 ± 5,42	0,1 - 23
Moyenne	-	**5,29 ± 6,04**	**0,1 - 30**

L'analyse statistique montre une différence significative entre les trois compartiments ($F^{2,211}$ = 3,63 ; P = 0,0275). Ceux du compartiment III sont plus proche de l'eau. Les plus éloignés sont ceux du compartiment II.

La distance des nids par rapport à la berge montre une corrélation positive et significative avec la densité des colonies (r = 0,197; ddl = 213 ; P≤ 0,01) ; les colonies à densité élevée s'éloignent de la berge.

1.3. Mensurations des nids

Les résultats obtenus montrent que parmi les 214 nids, cinq présentent des diamètres externes et internes. Les autres ont un diamètre moyen de 11,26 ± 2,35 cm (Tab.17). Ce dernier ne montre pas de différence significative entre le diamètre des nids dans les trois compartiments ($F^{2,206}$ = 0,42 ; P = 0,660).

Tableau 17 : *Diamètres moyens des nids dans les trois compartiments*

Régions	n	Diamètre moyen (cm). m ± Sd	Extrêmes (cm)
Compartiment I	177	11,33 ± 2,42	6.5 - 18,5
Compartiment II	10	10,50 ± 1,56	8 - 13,5
Compartiment III	22	11,04 ± 2,10	7.5 - 15,5
Moyenne	-	**11,26 ± 2,35**	**6,5 - 18,5**

La profondeur moyenne des nids est de 2,14 ± 0,81 cm (Tab. 18). Celle-ci ne diffère pas significativement entre les nids des trois compartiments ($F^{2,211}$ = 2,83 ; P = 0,0598).

Il existe une corrélation positive statistiquement significative entre la distance par rapport à la berge et la profondeur des nids (r = 0,186 ; dll = 213 ; P ≤ 0,01) quand la distance augmente, l'espèce approfondit son nid.

Tableau 18 : *Profondeurs moyennes des nids dans les compartiments étudiés*

Régions	n	Profondeur moyenne (cm). m ± Sd	Extrêmes (cm)
Compartiment I	177	2,16 ± 0,80	0,50 - 4
Compartiment II	10	1,55 ± 0,76	0,50 - 3
Compartiment III	22	2,22 ± 0,83	1 - 3,5
Moyenne	-	**2,14 ± 0,81**	**0,5 - 4**

Pour les cinq nids qui présentent les deux types de diamètres, les résultats montrent que le diamètre interne moyen est de 7,85 ± 1,32 cm, alors que le diamètre externe est de 16,2 ±1,35 cm. Leur profondeur moyenne est de 2,86 ± 0,55 cm.

Pour les nids majoritaires, le diamètre moyen et la profondeur sont corrélés négativement et significativement (r = -0,286 ; ddl =208 ; P ≤ 0,01); les nids les plus profonds sont ceux les moins larges.

La densité des colonies est corrélée positivement et significativement avec la profondeur des nids (r = 0,150; ddl =213; P≤ 0,05) ; les nids sont plus profonds dans les colonies à forte densité.

2. Paramètres de la reproduction du Gravelot à collier interrompu
2.1. Date de ponte

Le Gravelot à collier interrompu (*Charadrius alexandrinus*) dans le Chott d'Aïn El Beïda pour l'année 2005 a commencé à pondre entre le 03 avril et le 15 juin, soit une période de ponte de 73 jours.

La date de ponte moyenne a lieu le 11 avril, le 24 avril et le 02 mai respectivement dans les compartiments II, I et III. Ce qui présente pour le site une date moyenne le 24 avril (Tab.19).

L'analyse statistique montre une différence significative entre les dates de ponte des trois compartiments ($F^{2,211} = 5,64$; $P = 0,0043$). C'est dans le compartiment II que la date de ponte est la plus précoce. La plus tardive a lieu dans le compartiment III.

Tableau 19 *: Dates moyennes des pontes dans les trois compartiments du Chott*

Régions	n	Date de ponte	Sd	Extrêmes
Compartiment I	182	24 avril	16,21	5 avril - 17 juin
Compartiment II	10	11 avril	5,20	6 avril - 20 avril
Compartiment III	22	2 mai	26,17	11 avril - 14 juin
Moyenne	-	**24 avril**	**17,43**	**3 avril - 19 juin**

Il existe une relation positive et significative entre la densité des nids et la date de ponte ($r = 0,149$; $ddl = 213$; $P \leq 0,05$) ; ce qui montre que les densités des nids dans les colonies augmentent au cours de la saison.

2.2. Intervalle de ponte

Le suivi systématique des dates de pontes des œufs pour chaque nid a montré que la fréquence moyenne de ponte entre deux œufs est de $1,54 \pm 0,38$ jours soit 37 heures.

Nous avons également marqué que la fréquence des pontes la plus importante est de 1,67 jours soit 40,08 heures (Fig. 23).

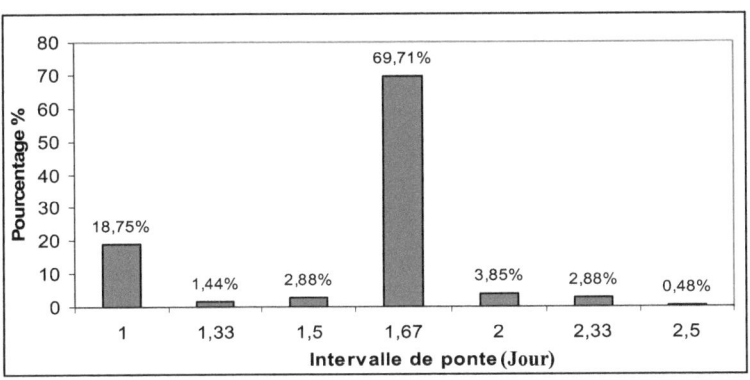

Figure 23 *: Proportions des différentes classes d'intervalles de ponte*

Il existe une relation positive et significative entre la masse des œufs et l'intervalle de ponte (r= 0,153 ; ddl = 213 ; P ≤0,05).

Les œufs issus des pontes à intervalle élevé ont des masses plus importantes qui peut se répercuter sur le nombre des œufs éclos (r = 0,31 ; ddl = 213 ; P ≤0,001).

Les intervalles de ponte des régions étudiées ne montrent aucune différence significative ($F^{2,205}$ = 0,82 ; P = 0,445).

2.3. Grandeur de ponte

La grandeur moyenne de ponte est de 2,74 ± 0,5 œufs par femelle. Elle varie de 1 œuf à 3 œufs par femelle. Les pontes les plus fréquentes sont de 3 œufs par femelle.

La grandeur de ponte moyenne varie de 1 à 3 dans les trois compartiments (Tab. 20). L'analyse statistique ne montre pas de différence significative ($F^{2,211}$ = 5,20 ; P = 0,0064).

***Tableau 20** : Grandeurs des pontes dans les trois compartiments du Chott*

	n	Grandeur de ponte (oeuf). m ± Sd	Extrêmes
Compartiment I	182	2,78 ± 0,45	1 - 3
Compartiment II	10	2,2 ± 0,79	1 - 3
Compartiment III	22	2,68 ± 0,57	1 - 3
Moyenne	-	**2,74 ± 0,5**	**1 - 3**

77 % de couvées sont constitués de 3 œufs, 20,19 % sont les pontes représentées de 2 œufs et 2,81 % sont constituées d'un seul œuf (Fig.24).

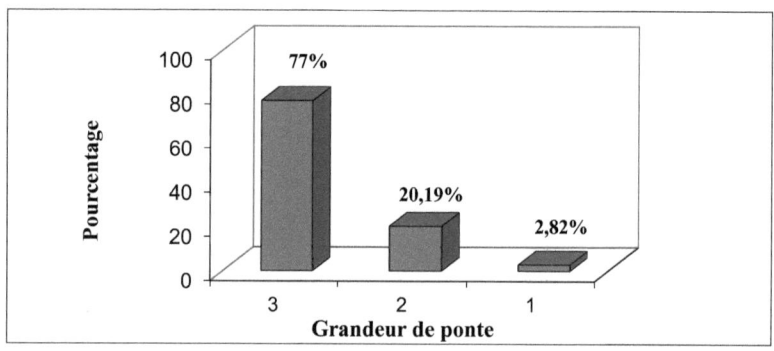

***Figure 24** : Proportions des différentes grandeurs de ponte rencontrées*

L'intervalle de ponte est corrélé positivement et significativement avec la grandeur de ponte (r = 0,738 ; ddl = 213 ; P ≤0,001), les couvées complètes ont des intervalles de pontes plus grands. En d'autre terme, les pontes de trois œufs présentent un intervalle plus grand entre la ponte de deux œufs.

2.4. Dimensions des œufs

La longueur moyenne des œufs est de 3,22 ± 0,11 cm. La largeur moyenne est de 2,31 ± 0,08 cm (Tab. 21).

Le volume moyen des œufs est de 8,36 ± 0,73 cm^3. Le mode de volume est de 8,54 cm^3. La masse moyenne des œufs est de 8,51 ± 0,93 g avec un mode de 9g (Tab. 21).

***Tableau 21** : Mensurations des œufs du* Charadrius alexandrinus *dans le Chott*

	Compartiment I	**Compartiment II**	**Compartiment III**
Longueur (cm)	182 ; 3,22 ± 0,093 (2.97 - 3.45)	10 ; 3,23 ± 0,069 (3,12 – 3,33)	22 ; 3,19 ± 0,14 (2,72 - 3,42)
Largeur (cm)	182 ; 2,31 ± 0,093 (2,183 - 3,32)	10 ; 2,34 ± 0,064 (2,237 - 2,49)	22 ; 2,297 ± 0,05 (2,22 - 2,413)
Volume cm^3	182 ; 8,39 ± 0,84 (7,193 - 7,088)	10 ; 8,63 ± 0,49 (7,767 - 9,778)	22 ; 8,2 ± 0,51 (7,177 - 9,173)
Masse des œufs (g)	182 ; 8,506 ± 0,74 (6 - 11,33)	10 ; 8,47 ± 0,73 (7 - 9,50)	22 ; 8,49 ± 0,68 (6,667 - 9,667)

Les dimensions des œufs ne présentent pas de différences significatives entre les trois compartiments, longueur ($F^{2,211}$ = 0,48 ; P = 0,623) ; largeur ($F^{2,211}$ = 2,61 ; P = 0,074) ; volume ($F^{2,211}$ = 2,12 ; P = 0,12) et masse ($F^{2,211}$ = 0,03 ; P = 0,960).

La masse des œufs présente une relation négative et significative avec la date de ponte (r = -0,209 ; ddl = 213 ; P ≤ 0,01). Les femelles pondent des œufs plus légers au cours de la saison.

La masse des œufs est corrélée positivement et significativement avec le volume (r= 0,146 ; ddl = 213 ; P≤ 0,05). La masse des œufs augmente lorsque le volume augmente.

La masse des œufs est liée positivement et significativement avec la longueur des œufs (r=0,252 ; ddl=213; P≤ 0,01). Il en est de même pour la largeur (r=0,309 ; ddl=213 ; P≤ 0,001).

L'intervalle de ponte présente une liaison positive et significative avec la masse (r= 0,153 ; ddl=213 ; P≤ 0,05). Les œufs les plus gros résultent des intervalles élevés.

La longueur des œufs est liée à leur volume positivement et significativement (r=0,41 ; ddl=213 ; P≤ 0,001). En revanche, il existe une relation négative et significative entre la largeur des œufs et le taux d'éclosion (r=-0,137 ; dll=213; P≤ 0,1).

La grandeur de ponte est corrélée négativement et significativement avec la largeur des œufs (r= -0,21 ; ddl = 213 ; P≤ 0,01). Les nids avec des grandeurs de ponte élevées contiennent des œufs de petites largeurs.

En revanche, la grandeur de ponte est corrélée positivement et significativement avec le volume des œufs (r= 0,420 ; ddl = 213 ; P≤ 0,001) ; les œufs les plus volumineux sont ceux observés dans les couvées complètes (à 3 œufs).

2.5. Durée d'incubation

La durée moyenne d'incubation varie de 24 à 31 jours. La durée moyenne est de **28 ± 1,1** jours (Tab. 22).

Tableau 22 : Durée d'incubation dans les trois compartiments

	N	Durée d'incubation (jour). m ± Sd	Extrêmes
Compartiment I	158	27,92 ± 1,129	24 - 31
Compartiment II	6	28,06 ± 0,947	27 - 29,5
Compartiment III	11	28 ± 1,238	27 - 30,33
Moyenne	-	**28 ± 1,1**	24 - 31

La durée d'incubation ne montre pas de différence significative entre les trois compartiments ($F^{2,172} = 0,10$; $P = 0,897$).

La durée d'incubation ne présente pas de corrélation avec les, longueur des œufs : r= - 0.009 ; ddl= 175 ; largeur : r= - 0.006 ; ddl=175 et volume : r= 0,008 ; ddl=175.

2.6. Date d'éclosion

La date moyenne d'éclosion est le 19 mai. Elle est de 10, 15 et 20 mai respectivement dans les compartiments II, III et I (Tab. 23).

Tableau 23 : *Dates moyennes d'éclosion dans les trois compartiments*

	n	Date d'éclosion	Sd	Extrêmes
Compartiment I	158	20 mai	13,96	2 mai –29 juin
Compartiment II	6	10 mai	6,35	3 mai – 20 mai
Compartiment III	11	15 mai	5,58	8 mai – 27 mai

L'analyse statistique ne montre pas de différence significative entre les trois compartiments ($F^{2,172} = 2,07$; $P = 0,127$).

Il existe une corrélation positive et significative entre la date d'éclosion et la durée moyenne d'incubation (r = 0,15 ; ddl = 173 ; $P \leq 0,05$) ; lorsque la durée d'incubation augmente, la date d'éclosion est retardée.

Il existe une relation positive et significative entre le diamètre des nids et les dates d'éclosion (r=0,156 ; ddl=173 ; $P \leq 0,05$) ; les nids avec des diamètres importants ont des dates d'éclosion tardives.

En revanche, la date d'éclosion est liée négativement et significativement avec la grandeur de ponte (r=-0,130 ; ddl=173 ; $P \leq 0,1$). Les nids contenant des grandeurs de ponte importantes présentent des dates d'éclosion précoces.

Il existe une relation positive et significative entre la densité des nids par colonie et la date d'éclosion (r= 0,219 ; ddl= 173; P ≤0,01). Les dates d'éclosion sont tardives dans les colonies à forte densité.

Il existe également une relation positive et significative entre la longueur des œufs et la date de l'éclosion (r= 0,143 ; ddl = 173 ; P≤ 0,05). Les œufs ayant une plus grande longueur vont éclore plus tard.

2.7. Intervalle d'éclosion

L'intervalle moyen d'éclosion est de **0,46 ± 0,15** jour. Le mode est de 0,33 jour soit 8 heures.

Il n'existe aucune différence significative dans l'intervalle d'éclosion entre les trois compartiments ($F^{2,170}$ = 2,26 ; P = 0,105).

2.8. Succès de la reproduction

Le succès moyen de la reproduction est de **85,98 ± 31,34** %. Il n'existe pas de différence significative entre les trois compartiments ($F^{2, 178}$ = 0,57 ; P = 0,571) (Fig. 25).

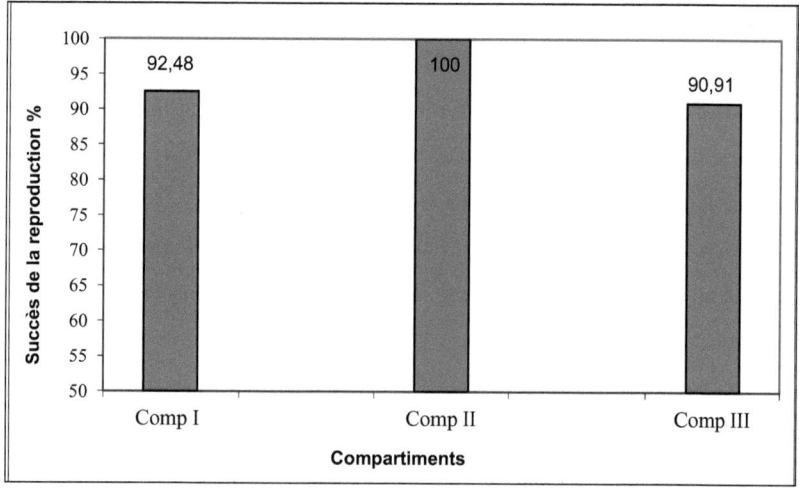

Figure 25 : *Succès de la reproduction dans les trois compartiments du Chott*

Le succès de la reproduction (SR) est lié positivement et significativement à la grandeur de ponte (r = 0,338; ddl = 213 ; P≤ 0,001), et au volume des oeufs (r = 0,345 ; ddl= 213) ce dernier augmente avec la grandeur de ponte et le volume des œufs.

2.9. Caractérisations morphométriques des adultes et des poussins

Les adultes montrent les caractéristiques morphométriques suivantes : Masse 42,32 ± 1,44 g (n = 9) ; bec total : 1,68 ± 0,03 cm ; culmen : 1 ± 0,04 cm ; tarsométatarse : 2,95 ± 0,12 cm ; aile : 16,25 ± 0,35 et envergure : 34,5 ± 0,71cm.

2.9.1. Masse

La croissance des jeunes montre trois phases. Après une chute de la masse de l'éclosion au 4ème jour (0,25g/j), nous constatons une croissance rapide du 5ème jour au 20ème jour (5g/j). A partir du 25ème jour cette croissance se stabilise à 31 g environ (Fig. 26).

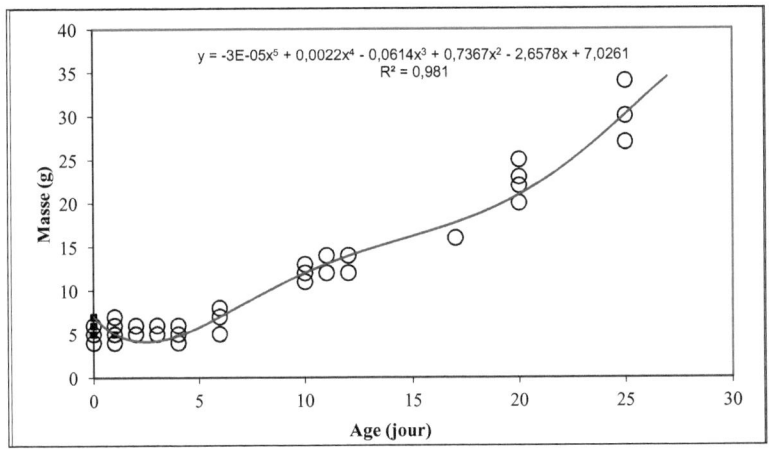

Figure 26 : *Croissance des poussins du* Charadrius alexandrinus *(n = 195)*

2.9.2. Bec total

A l'éclosion, la longueur totale du bec est de 0,72 ± 0,04 cm. Celle-ci augmente régulièrement jusqu'au vingtième jour 1,21 ± 0,01 cm pour atteindre 1,24 ± 0,02 cm au 25ème jour (Fig. 27).

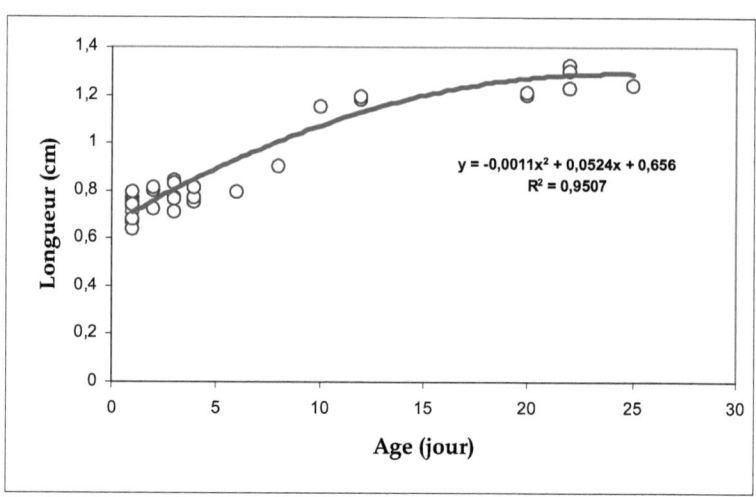

Figure 27 *: Croissance du bec total des poussins du Gravelot (n =195)*

2.9.3. Culmen

A l'éclosion, la longueur totale du culmen est de 0,46 ± 0,02 cm. Elle augmente rapidement jusqu' au quinzième jour pour arriver à 0,81 ± 0,02 cm au 25ème jour (Fig. 28).

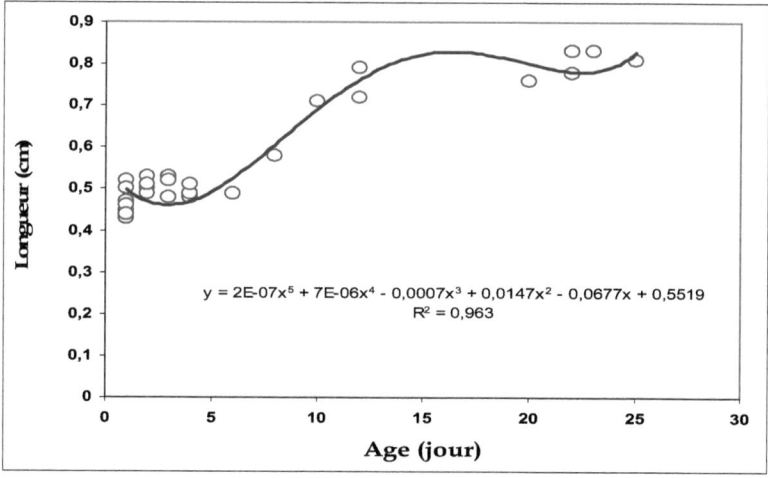

Figure 28 *: Croissance du culmen des poussins du* Charadrius alexandrinus *(n =195)*

2.9.4. Tarsométatarse

A l'éclosion, la longueur du Tarsométatarse est de 1,83 ± 0,08 cm, celle-ci augmente rapidement jusqu'au 17ème jour 2,54 ± 0,02 cm pour atteindre 2,7 ± 0,02 cm le 25ième jour (Fig. 29).

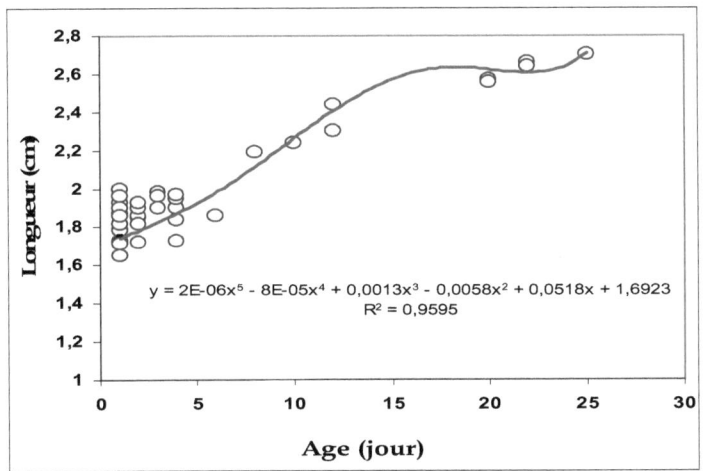

Figure 29 : *Croissance du tarsométatarse des poussins du Gravelot (n = 195)*

2.9.5. Aile

A l'éclosion, la longueur de l'aile est de 2,4 ± 0,12 cm, Elle augmente régulièrement pour atteindre 10,80 cm au 25ième jour (Fig.30).

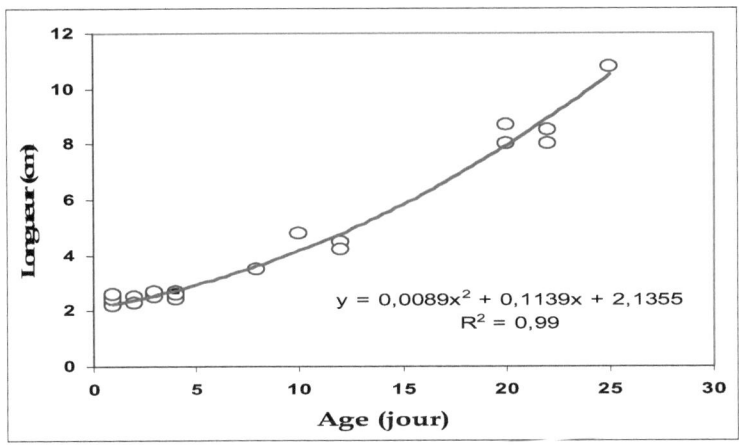

Figure 30 : *Croissance de l'aile chez les poussins du Gravelot (n = 195)*

2.9.6. Envergure

Elle est à l'éclosion 6,27 ± 0,19 cm. Elle montre une croissance rapide pour arriver à 23 ± 0,54 cm au 25ième jour (Fig.31).

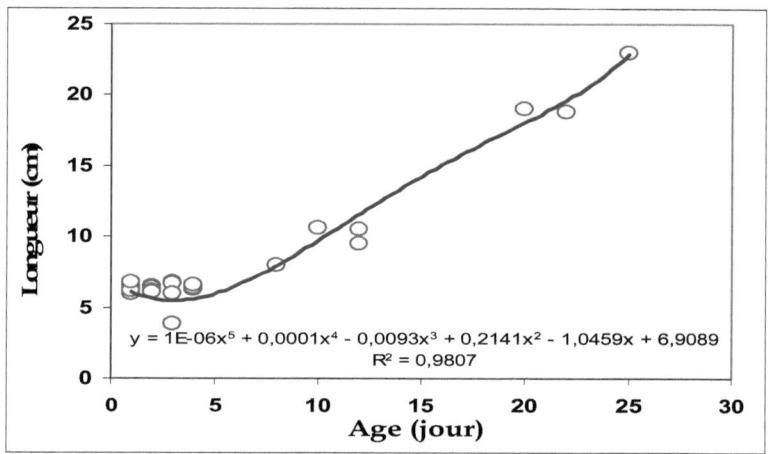

Figure 31 *: Croissance de l'envergure des poussins du Gravelot (n =195)*

L'étude de la phénologie de la reproduction du Gravelot à collier interrompu dans la région de Ouargla a montré que :

Les nids ont un diamètre moyen de 11,26 ± 2,35 cm, une profondeur moyenne de 2,14 ± 0,81 cm et une distance moyenne à la berge de 5,29 ± 6,04 mètres.

La ponte a commencé le 3 avril. La période de ponte est de 73 jours. La grandeur de ponte moyenne est de **2,74** ± 0,5 œufs par femelle, avec un intervalle de ponte de 1,54 ± 0,38 jours (soit 37 heures).

Les œufs ont une longueur de 3,22 ± 0,11 cm, une largeur de 2,31 ± 0,08 cm, une masse de 8,51 ± 0,93 g et un volume de 8,36 ± 0,73 cm^3.

L'incubation a lieu dés la ponte du deuxième œuf, avec une durée moyenne de 27,93 ± 1,12 jours. La date moyenne d'éclosion est le 19 mai. Le succès moyen de la reproduction est de 85,98 ± 31,34 %.

Les paramètres morphométriques pour les poussins montrent les résultats suivants :

A l'éclosion : Masse (5,57 ± 0,72 g), Bec total (0,78 ± 0,05 cm), culmen (0,46 ± 0,02 cm), tarsométatarse (1,83 ± 0,08 cm), aile (2,4 ± 0,12 cm) et envergure (6,27 ± 0,19 cm).

A l'envol (25ème jour): Masse (30,33 ± 3,51 g), Bec total (1,24 ± 0,02 cm), culmen (0,81 ± 0,02 cm), tarsométatarse (2,7 ± 0,02 cm), aile (10,80 cm) et envergure (23 ± 0,54 cm).

Les adultes : Masse (42,32 ± 1,44 g), bec total (1,68 ± 0,03 cm), culmen (1 ± 0,04 cm), tarsométatarse (2,95 ± 0,12 cm), aile (16,25 cm) et envergure (35,5 ± 0,71 cm).

CHAPITRE 5. ETUDE DE LA COMPOSITION ET DE LA STRUCTURE DU REGIME ALIMENTAIRE DU GRAVELOT A COLLIER INTERROMPU (*CHARADRIUS ALEXANDRINUS*)

1. Inventaire des invertébrés

Les résultats obtenus (Tab.24) montrent la présence de 65 espèces, reparties sur 4 classes d'invertébrés. Les Annélides représentés par une seule espèce. Les Gastropodes avec 2 ordres 2 familles et 2 espèces, les Crustacés avec un ordre, deux familles et deux espèces. Enfin, la classe des Insectes est la mieux représentée, par 11 ordres, 38 familles et 60 espèces.

Tableau 24 : Liste des invertébrés recensés dans le site d'étude 2004-2005

Classe	Ordre	Famille	Espèce
Annelida	Oligocheta	Oligocheta ind.	Oligocheta ind.
Gastropoda	Pulmona	Limacidae	*Agriolimax agrestis* Linné, 1758
	Prosobrancha	Hydrobiidae	*Potamopyrgus* sp.
Crustaca	Branchiopoda	Anostracae	*Artemia* sp.
		Conchostracae	Conchostracae ind.
Insecta	Ephemeroptera	Baetidae	*Cloeon dipterum* (Linné, 1761)
	Odonatoptera	Caenagrionidae	*Erythromma viridulum* Charp., 1840
			Ischnura graellsii Rambur, 1848
			Coenagrion puella Linné
		Libellulidae	*Anax imperator* Leach, 1815
			Crocothemis erythraea (Bru., 1832)
			Orthetrum sp.
			Sympetrum danae (Sulzer, 1776)
			Sympetrum sanguineum (Müll, 1764)
			Urothemis edwardsi (Selys. 1849)
	Dictyoptera	Mantidae	*Mantis religiosa* Linné, 1758
		Empusidae	*Empusa pennata* (Thimberg, 1815)
	Orthoptera	Gryllidae	*Gryllulus domestica* (Linné, 1758)
		Gryllotalpidae	*Gryllotalpa gryllotalpa* (Linné, 1758)
			Gryllotalpa africana Beauvois, 1805
		Tettigoniidae	*Phaneroptera nana* Fieber, 1853

	Acrididae	*Aiolopus strepens* (Latreille, 1804)
		Schistocerca gregaria (Forskal 1755),
		Pyrgomorpha cognata Krauss, 1877
Dermaptera	Labiduridae	*Labidura riparia* (Pallas, 1773)
Heteroptera	Lygaeidae	*Lygaeus militaris* Fabricus, 1781
	Pentatomidae	*Pentatoma* sp.
		Pitedia sp.
		Nezara viridula (Linné 1758)
	Corixidae	*Corixa affinis* Leach, 1817
		Corixa punctata (Illiger, 1807)
		Sigara sp.
	Hydrometridae	*Hydrometra* sp.
	Coreidae	*Centrocarenus spiniger* Linné 1958
	Pyrrhocoridae	*Pyrrhocoris apterus* Linné 1958
Coleoptera	Coccinoidae	*Coccinella septempunctata* L. 1958
	Bostrichidae	*Apate monachus* Fabricius, 1775
	Dyticidae	Dyticidae ind.
	Carabidae	*Carabus* sp.
		Cicindela hybrida Linné, 1758
		Chlaenius festivus (Panzer, 1796)
	Cetonidae	*Cetonia* sp.
	Curculionidae	*Anthonomus* sp.
	Scarabeidae	*Ateuchus sacer* Linné
	Chrysomelidae	*Cryptocephalus* sp.
	Hydrophilidae	*Berosus* sp.
		Hydrophilidae ind.
Hymenoptera	Mutillidae	*Dasylabris* sp. Linné, 1758
	Formicidae	*Tapinoma nigerrimum* Krauss, 1909
		Camponotus ligniperda (Latr., 1802)
		Tetramorium sp.
		Cataglyphis sp.
		Pheidole pallidula Müller, 1848
		Lasius niger (Linné, 1758)
Lepidoptera	Geometridae	*Rhodometra* sp.
	Pyralidae	*Ectomyelois ceratoniae* (Zeller, 1839)
Planipennia	Hemerobidae	*Chrysoperla carnea* (Stephens, 1836)
Diptera	Muscidae	*Musca domestica* Linné, 1758
	Syrphidae	*Eristalis tenax* (Linné, 1758)
	Ephydridae	*Ephydra riparia* Fallén, 1813

		Sarcophagidae	*Sarcophaga carnaria* (Linné, 1758)
		Culicidae	*Culex pipiens* Linné, 1758
		Chironomidae	*Chironomus* sp.
		Calliphoridae	*Lucilia scesar* Linné 1758
		Ptychopteridae	*Ptychoptera* sp.
Total	**15**	**41**	**65**

2. Composition et structure du régime alimentaire des adultes et des poussins

La dissection des tubes digestifs du Gravelot à collier interrompu (*Charadrius alexandrinus*) a permis de montrer que le contenu comprend deux parties différentes, minérale et organique (Tab.25). Cette dernière comprend des végétaux et des invertébrés.

Tableau 25 *: Abondance relative des différentes catégories de proies trouvées*

Catégories			Abondance relative %		
			Adultes	Poussins	Globale
Diptères	*Ephydra riparia*	Larve	19.3	11.8	16.81
		Adulte	13	2.05	9.41
	Culex pipiens	Larve	10.75	33.3	18.15
		Adulte	6	3.08	5.04
	Chironomus sp	Larve	2	8.72	4.20
		Adulte	7.25	4.1	6.22
	Eristalis tenax	Larve	4	0.51	2.86
Hyménoptères		sp 1 ind.	1.75	1.54	1.68
		sp 2 ind.	2.75	0.51	2.02
Corixidae			1.75	2.56	2.02
Coléoptère ind.			0	1.54	0.50
Annélides			6	6.67	6.22
Ruppia maritima		Graine	5	4.1	4.71
		Fragment	9.25	18.5	12.27
Cristaux			11.3	0.51	7.73
Plastique			0	0.51	0.17

AR : Abondance relative.   ARG : Abondance relative globale.

Pour la partie animale, les résultats montrent que les Diptères présentent l'effectif dominant des contenus stomacaux. La principale espèce est l'*Ephydra riparia* avec 26,22% suivie de *Culex pipiens* 23,19%. La partie végétale est importante et représentée par la seule espèce *Ruppia maritima* qui appartient à la famille des Potamogétonacées avec 16,97 %. La partie minérale (cristaux) occupe 7,73%.

Chez les adultes, les Diptères sont représentées par 4 espèces (Tab. 25) dont la plus importantes est *Ephydra riparia* avec 32,25 % de l'effectif total des catégories consommées (Fig.32). La seconde est *Culex pipiens* avec 10,42 %, suivie par *Chironomus* sp avec 9,25 %. La fraction végétale représente 14,25 %. La partie minérale représente 11,25 %. Les Protostomiens sont représentés par les Annélides avec 6 % du contenu stomacal total et les autres catégories rassemblées constituent 10,25%.

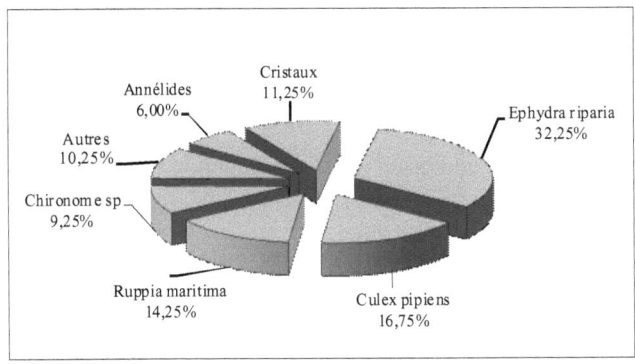

Figure 32 *: Proportion des principales catégories de proies consommées par les adultes*

Chez les poussins (Fig.33), les Diptères dominent également. Mais avec des proportions en espèces différentes. Par exemple *Culex pipiens* est dominant avec 36,41 % suivi par *Ruppia maritima* et *Ephydra riparia* avec respectivement 22,54 % et 13,84 %. Enfin *Chironomus* sp présente la même proportion que chez les adultes (12,82 %). En revanche, les Annélides sont présents avec une proportion de 7,18 %. La fraction minérale n'est que de 0,5 % chez les poussins. La consommation des larves est par contre plus importante chez ces derniers.

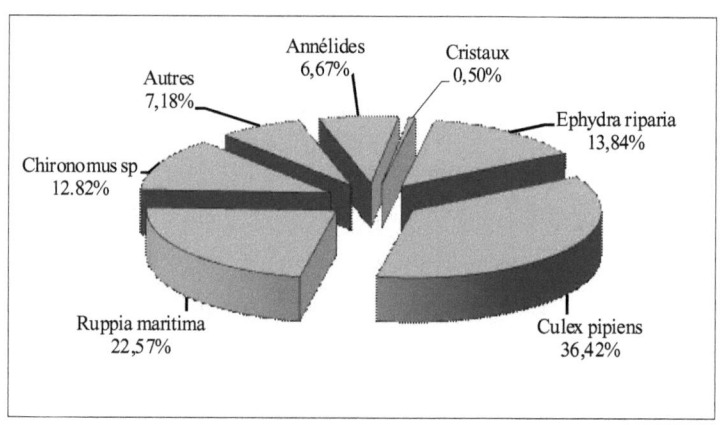

Figure 33 : *Proportion des principales catégories de proies consommées par les poussins*

La diversité des proies consommées par *Charadrius alexandrinus* est de 2.27 bits en décembre 2004, 3.16 bits en mars 2005 et 2.98 bits en juin 2005. Par ailleurs, l'équitabilité tend vers le **1** indiquant ainsi un équilibre entre les effectifs des catégories ingérées (Tab.26).

Tableau 26 : *Diversité et équitabilité du régime alimentaire du Gravelot*

	Adultes									Poussins					
	14-12-2004			12-03-2005			12-06-2005			12-06-2005					
	1	2	3	4	5	6	7	8	9	10	11	12	13	14	15
S	9	7	5	9	11	10	11	9	8	7	10	9	10	8	7
H' bits	2.48	2.61	1.71	3.10	3.22	3.15	3.24	2.97	2.73	2.58	2.44	2.67	3.07	2.45	2.25
H'max bits	3.17	2.81	2.32	3.17	3.46	3.32	3.46	3.17	3.00	2.81	3.32	3.17	3.32	3.00	2.81
E	0.78	0.93	0.74	0.98	0.93	0.95	0.94	0.94	0.91	0.92	0.73	0.84	0.92	0.82	0.80
H' (bits)	2.27			3.16			2.98			2.58					

La connaissance de la composition du régime alimentaire d'une espèce informe sur son affinité, son comportement alimentaire et le degré de sélectivité des proies présentent dans le site. A cet effet, le Gravelot à collier interrompu présente une certaine préférence aux petites proies en particulier les Diptères proche d'habitude de la berge, accessible à l'espèce.

CHAPITRE 6. DISCUSSION GENERALE

La richesse spécifique et les effectifs d'oiseaux témoignent de la diversité des habitats au niveau Chott d'Aïn El Beïda. En effet, d'autres travaux ont déjà montré son importance dans la région d'Ouargla comme site d'accueil pour l'avifaune (Bellatrèche et Lellouchi, 2002 ; Bekkoucha, 2002 ; Bouzid, 2003).

Le Chott d'Aïn El Beïda accueille plusieurs espèces d'oiseaux dont les effectifs présentent des fluctuations saisonnières conséquentes de la variation des facteurs climatiques et du niveau d'eau qui règnent dans la région.

Les résultats ont montré que les effectifs augmentent entre la fin de l'automne et le début de l'hiver suite à l'arrivée des hivernants. Ces résultats sont comparables à ceux rapportés par Jacob et Jacob (1980) dans le lac de Boughzoul en Algérie ; William et Bridges (1995) au Sud californien ; Weesie (1996) dans le Sahel burkinabé ; et Francisco-Rodriguez (2002) en Espagne.

Les hivernants rencontrés au niveau du Chott sont représentés par les Scolopacidae, les Ardeidae et les Rallidae. Nous avons également noté la présence de passereaux qui fréquentent les roselières, les joncs et les tamaris comme cela avait été montré par Salathe (1986) au sud de la France et Santos (1996) en Espagne.

Au printemps, nous avons observé parallèlement à l'arrivée des oiseaux nicheurs représentés par les Recurvirostridae et les Charadriidae, le départ des populations hivernantes (Foulque macroule, Canards). Nous avons également observé des espèces de passage (qui ne nichent pas et n'estivent pas sur le site). Parmi ces dernières le Martinet noir, les Hirondelles, le Guêpier d'Europe et le petit Gravelot. Ces mouvements de va et vient durant le printemps sont justifiés par l'augmentation de l'abondance alimentaire et la disponibilité des sites de nidification au niveau du Chott pour les espèces nicheuses.

En Eté, la richesse spécifique du site diminue, suite aux conditions climatiques défavorables entraînant un dessèchement de la majorité des plans d'eau et par conséquent une diminution des ressources alimentaires comme cela été rapporté par Weesie (1996) et Blondel et Aronson (1999) pour d'autres régions.

En automne, les populations estivantes de certaines espèces telles que l'Echasse blanche, l'Avocette élégante et le Gravelot à collier interrompu quittent le site pour aller hiverner ailleurs.

En plus de la variation temporelle de la dispersion de l'avifaune, une autre dispersion spatiale est observée. Les espèces réagissent aux variables du milieu en ajustant leur répartition et leur abondance. Parmi les principales variables apparaît, le facteur climatique (vent, température, précipitation) (Stevenson et Bryant, 2000 ; Barbraud et Weimerrskirch, 2003 ; Jenouvrier et *al.*, 2003), la qualité des eaux (salinité, pollution) (USFWS, 1993; 2001) et les perturbations humaines (Cairns, 1982 ; Powell, 1996 ; Lafferty, 2001 ; USFWS, 2001 ; Johnson et Oring, 2002 ; Adams et *al.*, 2004). Ces différents facteurs agissent directement sur la variation du facteur alimentaire. Le peuplement peut également être structuré par le degré de sociabilité entre les espèces. Les bécasseaux par exemple, se mêlent aux autres espèces (Felix, 1977) au moment de l'alimentation et les Charadriidae durant leur nidification avoisinent les autres grandes espèces pour protéger leurs nids (Tinbergen et *al.*, 1967 ; Felix, 1977 ; Page et *al.*, 1983 ; Amat, 1998 ; Valle et Scarton, 1999 ; Powell, 2001).

Les espèces d'oiseaux se répartissent sur le site en fonction de leurs exigences et selon leur comportement alimentaire qui est tributaire de leur anatomie (Hoerschlmann, 1970) *in* Fushs (1975) et de la nature de leurs proies. Ainsi, le Martinet noir et les Hirondelles attrapent leurs proies en plein vol en rasant les champs et les surfaces des étangs (Lahlah, 2005). Les Ardeidae se regroupent lorsque leurs proies sont disponibles et concentrées (Kersten et *al.*, 1991). Etant piscivores, ils se rassemblent généralement à côté des drains où se trouvent les poissons et peuvent aller jusqu'aux palmeraies adjacentes suivant le déplacement des proies. Les

Rapaces règnent sur la totalité du site pour la chasse et provoque à ce moment chez les autres groupes (Recurvirostridae, Anatidae) un système de défense commun « *The Mobbing* » où la défense contre le danger est collective (Tamisier, 1970).

Parmi les facteurs responsables de la variation des effectifs, les variations du niveau d'eau sont les plus importantes. En effet, le pompage des eaux usées de la ville d'Ouargla qui transitent par le Chott d'Aïn El Beïda pour rejoindre celui d'Oum Raneb a des conséquences sur les effectifs de l'avifaune en général. L'arrêt de pompage entraîne une saturation en eau du site suite au retour des eaux de l'exutoire d'Oum Raneb ; ce qui provoque la destruction des territoires de nidification de plusieurs familles d'oiseaux. Les oiseaux réagissent différemment à cette variation. Ainsi, le Flamant rose et certains Anatidae semblent tirer profit de cette situation, grâce à leur taille et leur mode d'alimentation (Dajoz, 1982 ; Blondel et Aronson, 1999). La famille des Recurvirostridae montre cependant une indifférence à ce facteur, (Barbosa et Morino, 1999). Alors que d'autres familles telle que les Charadriidae sont les plus touchées puisque les fluctuations des niveaux d'eau affectent leurs territoires de nidification et d'alimentation (Boukheroufa, 2001 ; AGFD, 2002). A l'inverse, le dégagement des eaux par le pompage joue un rôle considérable en créant des zones d'alimentation au niveau des laisses, riches en invertébrés (Annexes-Photo.11). Le même phénomène a été cité par Weesie (1996) pour le Sahel Burkinabé. Le Gravelot à collier interrompu fait partie de cette famille, et ses effectifs montrent d'importantes fluctuations sous l'effet de ce facteur et l'oblige à exploiter les rives du Chott où l'eau est moins profonde.

Cette espèce qui fait l'objet de notre étude est présente avec deux populations, la première sédentaire et l'autre estivante nicheuse dont les premiers groupes arrivent au site à la fin de l'hiver. Cette situation est comparable à ce qui se passe dans les régions espagnoles (Martinez-Vilalta, 1985 ; Lorenzo, 1993 ; Robledano, 1995 ; Hortas, 1997) cités par Amat (2003). Le Gravelot à collier interrompu niche en colonies, comme dans d'autres régions (Felix, 1977) et commence à se reproduire au début du mois d'avril. Ces colonies sont soit pures soit mixtes avec d'autres espèces telles que l'Echasse blanche (*Himantopus himantopus*) ou l'Avocette élégante (*Recurvirostra avosetta*) dans notre cas mais aussi avec la Sterne naine de Californie (*Sterna antillarum*) (Powell, 2001), le Huîtrier (*Haematopus ostralegus)* et la Sterne naine (*Sterna albifrons)* (Valle et Scarton, 1999). Ce comportement est vraisemblablement une défense contre la prédation comme le confirment Tinbergen et *al.* (1967) ; Page et *al.* (1983) ; Gochfeld (1984); Larsen et Moldsvor, (1992) ; Amat (1998) ; Valle et Scarton (1999).

Les résultats montrent que la densité des couples nicheurs varie en fonction des compartiments. La partie la plus riche du site en végétation (compartiment I), accueille plus de couples. Les mêmes résultats ont été rapportés par Powell et Collier (2000) pour les colonies nichant en Amérique du Nord. La partie la plus polluée du site (compartiment III) abrite une densité de couples plus faible. En effet, cette région reçoit les eaux usées de la ville d'Ouargla et par conséquent la pollution peut être la cause principale de la diminution de la densité, comme le montrent Hothem et Powell (2000) pour d'autres populations de Gravelot.

La majorité des nids du *Charadrius alexandrinus* sont construits avec des croûtes de sel. Ces dernières reflètent l'état du sol qui, durant la période de nidification (printemps) est encroûté suite à la forte évaporation de l'eau. L'utilisation importante de ce type de matériau aurait pour conséquence la baisse du degré d'humidité dans le nid. Il peut également créer une homochromie qui peut protéger les nids. Cette croûte peut aussi garder la chaleur durant les périodes où le couple se déplace pour s'alimenter pour que le processus de développement embryonnaire puisse continuer. Elle peut également jouer un rôle antiseptique qui protégerait les œufs contre les parasites et/ou les microorganismes qui peuvent les dégrader. En Amérique du Nord, les matériaux utilisés par l'espèce sont principalement du sable ou des croûtes de sel (Widrig, 1980 ; Wilson, 1980 ; Stenzel et *al.*, 1981), ou bien des coquilles vides et des débris de végétation pour le camouflage (Page et *al.,* 1995).

Par ailleurs, la distance des nids par rapport à la berge conditionne la répartition de leur distribution. Les endroits proches du plan d'eau sont les plus convoités, car ils sont près des ressources alimentaires permettant ainsi l'élevage des poussins sans trop de difficultés. Ces résultats sont différents de ceux de Page et Stenzel (1981) et Powell et al. (1996 ; 1997) aux USA qui montrent que le Gravelot à collier construit ses nids loin de la berge probablement pour diminuer l'impact de la prédation surtout dans les région à faible recouvrement végétal d'une part et protège les nids contre des éventuelles inondations d'autre part.

Dans la région, le Gravelot à collier interrompu pond entre le 3 avril et 15 juin, soit une période de 73 jours. Ces dates sont précoces par rapport à celle rapportée par Sandercock et al. (2005) pour les populations qui nichent en Turquie et par Paton (1995) pour celles qui nichent aux Etats-Unis. En revanche, elle est tardive par rapport à celle rapportée pour la sous espèce C. *alexandrinus nivosus* en Californie par Page et al. (1995) ainsi que celle observée en Espagne par plusieurs auteurs (Fraga et Amat, 1996 ; Figuerola et Cerda (1997) ; Figuerola et Cerda (1998) ; Amat et al.(1999b). Ces dates de ponte sont en revanche comparables à celles rapportées par Warriner et al. (1986) et Powell et al. (1997) en Californie. Ces différences seraient la conséquence des conditions climatiques qui y règnent dans chaque région et qui conditionnent la disponibilité des matériaux de construction des nids ainsi que la nourriture indispensable à la formation des œufs. En effet, dans la région, la végétation aquatique représentée par *Ruppia maritima*, plante hôte pour de nombreux invertébrés aquatiques (larves des diptères) qui représentent la base de l'alimentation du Gravelot à collier interrompu, est présente dans la région d'étude durant la période de ponte.

L'intervalle de ponte est plus important que celui mentionné par Fraga et Amat (1996) en Espagne, Warriner et al. (1986) et d'Adams et al. (2004) en Californie, qui donnent une durée de trois à cinq jours. Par ailleurs, les résultats montrent que pour les grandeurs de ponte importantes, l'intervalle entre la ponte de deux œufs est plus grand. Ce qui laisse supposer que certaines femelles maximisent leur effort reproductif en espaçant les pontes de manière à accumuler plus d'énergie pour la formation des œufs, garantissant ainsi un bon succès reproducteur. Pourtant des travaux ont montré que l'intervalle de ponte n'a pas d'effet significatif sur le succès de la reproduction chez l'Avocette d'Amérique (*Recurvirostra Americana*) (Shipley, 1984) ou bien chez le Gravelot à collier interrompu (Szekely et *al.*, 1994). Or ces auteurs ne mentionnent pas la relation entre cet intervalle et la qualité des œufs. Pourtant, la qualité des poussins et par conséquent, leur survie est conditionnée par celle des oeufs (Ricklefs et *al.*, 1978 ; Ricklefs, 1984 ; Galbraith 1988, Bolton, 1991). Dans notre région, nous n'avons pas observé de seconde ponte. Or les travaux de Pineau (1994) ont montré que dans le sud de la France, 6,4 % des couples qui nichent tôt dans la saison réalisent une seconde ponte et que le délai entre les deux diminue au cours de la saison. On a pas pu observer une deuxième ponte dans notre site malgré que la reproduction de certains couples est terminée bien avant l'arrivée de l'Eté. Un marquage des adultes durant la première ponte serait nécessaire pour affirmer ou infirmer cette possibilité.

La grandeur de ponte varie de 1 à 3 œufs par femelle. La majorité des femelles pondent 3 œufs. Ces résultats sont comparables à ceux observés aux Etats-Unis par Paton (1995) et NPWRC (1998), Szekely et *al.* (2004) au Lac Tuzla au Sud de la Turquie; par (Munn, 1948; Muntaner et *al.*, 1984; Martinez, 1991) cités par Amat (2003) ; De Souza et *al.* (1995) ; Fraga et Amat (1996) en Espagne. En revanche, Warriner et *al.* (1986) et Page et *al.* (1995) en Californie signalent des cas rares de six œufs.

Les mensurations des œufs sont comparables à celles rapportées par Amat et *al.* (2001); Torre et Ballesteros (1994) et (Mestre, 1980 *in* Amat, 2003) en Espagne et Powell (1996) et l'AGFD, (2002) aux Etats-Unis (Annexes- Tab.27).

L'état physiologique des femelles à leur arrivée au site de nidification et la disponibilité alimentaire sont importants dans la détermination de la grandeur de ponte (Moser, 1986). Elles pondent des œufs plus en plus légers au cours de la saison, elles peuvent ajuster la masse des œufs au cours de la période de la ponte et ce, dépend des potentialités alimentaires du milieu (Horsfall, 1984).

Mais la grandeur de ponte ne semble pas influencer la durée d'incubation qui constitue un trait très important dans le succès de la reproduction. L'effort mené par les deux parents est inégal, la femelle tend à incuber le jour et le mâle la nuit (Fraga et Amat, 1996 ; Kosztlanyi et Szekely, 2002). Nous avons constaté que la femelle consacre plus de temps à l'incubation que le mâle, ce qui le rendrait plus disponible pour la protection du nid, du territoire, de la femelle au moment de l'incubation, des poussins nouvellement éclos et de leur alimentation. L'incubation dure 24 à 31 jours comme c'est le cas chez d'autres populations de Gravelot aux USA Warriner et *al.* (1986) et Hoffmann (2005), en Espagne (FRAGA et AMAT, 1996) et en Hongrie (Liker et Noszály *in* Kis, 2003) (Annexes-Tab.28).

Le succès de la reproduction des populations qui nichent dans la région est d'environ 86 %. Il est plus élevé que celui rapporté par Paton (1995) et Page et *al.* (1995) aux USA. La réussite de la reproduction diffère entre les compartiments étudiés. Elle est élevée dans le compartiment III et relativement faible dans le compartiment I. Cette différence est due aux œufs échoués et stériles répandus dans le compartiment I. Le calcul du taux de réussite global (avec les effets de la prédation) permet d'estimer le facteur d'échec de la reproduction. Généralement, le succès de la reproduction est conditionné par plusieurs facteurs (Annexes- Tab.29), dont la prédation, le vandalisme (Stenzel et *al.*, 1981) ; Warriner et *al.*, 1986; Hatch, 1996 *in* Lafferty (2001)), les facteurs climatiques et principalement les marées hautes et le mauvais temps (Page et *al.,* 1985 ; USFWS, 1993 ; 2001). La prédation à l'état oeuf est la cause majeure de l'échec de la reproduction puisque la nidification a lieu également dans des lieux ouverts, sans végétation et facilement repérables (Colwell et *al.*, 2004; 2005). Les prédateurs potentiels du *Charadrius alexandrinus* dans la région du Chott sont nombreux, nous pouvons citer le Faucon crécerelle, le Faucon lanier, le Hibou des marais, le Busard des roseaux, la Buse féroce, le Corbeau brun, la Pie-grièche grise et les chiens sauvages qui attaquent surtout les poussins et les adultes

(Page et *al.*, 1995 ; Colwell et *al.*, 2004). En revanche, au stade œuf, c'est surtout le Corbeau brun. Cette observation a été également rapportée par Paton (1995) aux Etats-Unis. Page et *al.* (1995) citent également plusieurs prédateurs d'adultes (Faucon pérégrin, Faucon des prairies, Renard roux,...), des poussins (Pie-grièche, Corbeau Commun, Mouette de Californie, Crécerelle américaine, Busard du Nord, Grand Héron Bleu), et des œufs (Corbeau commun, Corneille américaine, Mouette de Californie, Grand Héron Bleu, coyote, Renard roux, ...).

La prédation avienne est importante durant le premier mois de la reproduction (Annexes-Tab.29), au stade œufs. Comme c'est le cas pour d'autres populations de Gravelot (Wilcox (1959) *in* Sandercock et *al.*, 2005; Cairns, 1982; Grover et Knopf, 1982; Nol et Brooks, 1982; Page et *al.*, 1995; Haig, 1992; Wiersma, 1996; Piersma, 1996).

Les résultats montrent qu'après l'éclosion et durant les quatre premiers jours, les poussins perdent du poids. Après quoi, la croissance corporelle devient rapide, puisque la masse corporelle de 30g est atteinte au 25ème jour (Annexes-Planche A). Ce qui correspond à un gain de poids moyen journalier de 1,4g entre le 4ème et le 25ème jour. Ces résultats sont similaires à ceux obtenus sur les populations qui nichent en Espagne par Amat (2003) (Annexes-Tab.30). Les adultes montrent des mensurations équivalentes à celles rapportées par le même auteur chez les adultes qui nichent en Espagne.

L'étude du régime alimentaire des adultes et des poussins a montré que ce dernier est constitué principalement d'invertébrés, représentés essentiellement par les Arthropodes et en particulier les Diptères. Ces résultats diffèrent de ceux de Perez-Hurtado et *al.* (1997) obtenus sur les populations qui nichent en Espagne où la présence des Coléoptères semble importante. Les travaux de Page et *al.* (1995) et de Blondel et Aronson (1999) ont montré que le Gravelot à collier interrompu se nourrissait également de larves de la mouche d'eau salée (Ephydridae). Ainsi, *Ephydra cinerea* a été trouvée dans le régime alimentairedu Gravelot à collier interrompu par Feeney et Maffei (1991) et Tucker et Powell (1999) aux Etats-Unis.

Ce Diptère est présent durant toute l'année sur une plante hôte : *Ruppia maritima* comme l'a noté Seguy (1934), une plante qui peut supporter une salinité de 350 g/l (Dajoz, 1982).

Le régime alimentaire des poussins contient également *Culex pipiens* mais le pourcentage d'*Ephydra riparia* et de *Culex pipiens* varie entre les poussins et les adultes. Chez les poussins *Culex pipiens* domine le régime alimentaire, alors que chez les adultes, nous observons l'inverse. Le régime alimentaire contient aussi des oligochètes avec de faible pourcentage que celui observé par Castro (2001) cité par Amat (2003) en Espagne. Les autres ordres ou familles sont peu représentées. C'est le cas des Corixidae et des Coleoptera. Pourtant ce dernier est plus abondant dans le régime du *Charadrius alexandrinus* (Castro, 2001 *in* Amat, 2003).

Nous avons également noté la présence des Syrphidae dans le régime alimentaire des adultes et des poussins. Ce résultat est comparable à celui rapporté par Blondel et Aronson (1999).

Le Gravelot à collier interrompu ingère également des cristaux ou des cailloux, qui constituent vraisemblablement un apport en éléments minéraux et facilitent probablement la digestion.

La proportion des végétaux dans le régime alimentaire est représentée par *Ruppia maritima* dont la période de présence sur le site se limite à la période de reproduction, elle est influencée par les grandes variations de la salinité (Anras *et al.*, 2004). Cette espèce a été également trouvée dans le régime alimentaire des Sarcelles d'hiver en Camargue (Tamisier, 1971).

En comparant le régime alimentaire des adultes et des poussins, on constate que *Ephydra riparia* est la principale proie consommée. Celle-ci est en effet une espèce omniprésente, facile à recueillir par le Gravelot à collier interrompu surtout les larves.

Pour les poussins, le régime est assez diversifié avec dominance du *Culex pipiens* en particulier au stade larvaire. Ces derniers sont mêlés aux tiges de *Ruppia maritima* où s'alimentent les poussins. La consommation d'*Ephydra riparia* est moins importante que chez les adultes. La richesse du régime alimentaire des poussins en larves expliquerait le taux très faible de cailloux présents. Nos résultats diffèrent de ceux mentionnés par Castro et *al.* (2003) qui signalent que les poussins sélectionnent activement les larves de coléoptère et de diptères.

Ce travail préliminaire nous a permis de mettre à jour l'inventaire de l'avifaune du Chott d'Aïn El Beïda. La richesse spécifique est le résultat de la diversité de ce site en territoires d'alimentation et de nidification.

L'étude de la phénologie de la reproduction et du régime alimentaire du Gravelot à collier interrompu témoigne de l'importance de cette région pour l'avifaune estivante et nicheuse.

Il faudrait certainement des études plus complètes du Chott d'Aïn El Beïda à plusieurs niveaux, zoologique, botanique, écologique et même socioéconomiques. Cette évaluation globale des potentialités naturelles est nécessaire pour une meilleure future gestion du site.

CONCLUSION GENERALE

Notre étude a été réalisée durant la période 2004-2005 sur le peuplement avien du Chott d'Aïn El Beïda région d'Ouargla. Une diversité spécifique importante a été observée durant la période d'étude en particulier au printemps. En totalité, nous avons recensé 76 espèces dont 41 oiseaux d'eau, 29 passereaux et 6 rapaces.

La distribution spatiotemporelle montre des fluctuations importantes sous l'effet des facteurs, climatique, hydrologique et anthropique. Ces derniers agissent à différents niveaux et à différentes périodes. Le facteur prépondérant reste le niveau d'eau, comme ça été démontré par plusieurs auteurs en Europe et en Amérique du Nord.

Certaines espèces du peuplement du Chott se caractérisent par la présence de deux populations, l'une sédentaire et l'autre estivante nicheuse, parmi lesquelles le Gravelot à collier interrompu (*Charadrius alexandrinus*) dont les premiers groupes de la population migratrice ont été observés à la fin du mois de février.

L'étude de la phénologie de reproduction de cette espèce durant la saison 2005 montre que le *Charadrius alexandrinus* niche en colonies avec des densités plus élevées que celles observées en Europe et aux Etats-Unis. Le suivi réalisé sur 214 nids montre que ces derniers sont de petites tailles comparativement à ceux des populations qui nichent aux Etats-Unis.

La première ponte a été observée le 3 avril. La grandeur de ponte varie de 1 à 3 œufs par couple et les plus fréquentes sont de 3 œufs. Ces résultats sont similaires à ceux d'Europe et d'Amérique du Nord.

L'intervalle de ponte est plus important que celui observé en Espagne, en Hongrie et aux USA, laissant prédire que pour les populations de la région, les femelles accumulent plus d'énergie pour la formation des œufs. La masse des œufs diminue au cours de la saison ce qui témoigne que la population migratrice nicheraient dans des sites moins favorables que la populations sédentaire, qui occupe les meilleurs sites. On peut également supposer que la population migratrice investit de l'énergie dans la migration prénuptiale au détriment de la qualité des œufs pondus.

Les poussins présentent des caractères morphométriques similaires à leurs homologues d'Espagne. Ils s'alimentent des proies les plus abondantes et les plus accessibles du site qui sont, des Diptères et des segments de végétation de *Ruppia maritima*.

La durée totale de la période de reproduction est plus courte que celle des autres régions nordiques, ce phénomène est constaté pour la population des Hirondelles de fenêtre qui niche au Nord-est algérien.

Le succès de la reproduction apparaît plus important que celui des autres régions européennes et Nord américaines, ce qui témoigne de la forte pression humaine et de la diversité des prédateurs dans ces régions.

Plusieurs autres aspects méritent d'être bien étudiés. Les potentialités naturelles du site qu'elles soient animales ou végétales et les agressions humaines qui progressent et qui ont été pour une grande part responsables de la baisse de la diversité biologique. Outre, les effets de la pollution sur la diversité biologique, les extensions géographiques que connaît cette zone humide à cause de l'effet érosif des eaux, la répartition spatiale des espèces aviennes, leurs phénologies de reproduction, les interactions entre les composantes des deux écosystèmes adjacents (la palmeraie et le Chott), la disponibilité alimentaire dans cet écosystème pour l'avifaune ainsi que la dynamique des espèces de cette dernière. La conservation de ce site et son classement en zone Ramsar profitera certainement à la région, aussi bien au niveau touristique qu'au niveau éducatif. Cette opération ne manquera pas de sensibiliser un large public aux qualités et aux valeurs de ce type de zones.

REFERENCES BIBLIOGRAPHIQUES

ABDELLAOUI M. et MADJOURI T., 1997 - Contribution à l'étude de l'avifaune nicheuse dans la palmeraie de la cuvette d'Ouargla. *Mém. Ing. Agro.*, INFS/AS, Ouargla, 85 p.

ADAMS D. ; PETERLEIN K. et ALLEN S., 2004 - Western snowy plover monitoring program protocol. U.S.A., California, 40 p.

AGUESSE P., 1968 - Les odonates de l'Europe occidentale, du Nord de l'Afrique et des Iles Atlantiques. Ed. Masson et *Cie*, Paris, 258 p.

AGFD (Arizona Game and Fish Department), 2002 - *Charadrius alexandrinus nivosus*. Unpublished abstract compiled and Edited by The Heritage Data Management System, Arizona Game and Fish Department, Phoenix, AZ., 6 p.

AMAT J.A., 1998 - Mixed clutches in shorebird nests: why are they so uncommon? *Wader Study Group Bulletin,* 85: 55-59.

AMAT J.A., 2003 - Chorlitejo Patinegro – *Charadrius alexandrinus*. En: Enciclopedia Virtual de los Vertebrados Españoles. Carrascal, L.M., Salvador, A. (Eds.). Museo Nacional de Ciencias Naturales, Madrid. http://www.vertebradosibericos.org/

AMAT J. A. et MASERO J. A., 2004 - How Kentish plovers, *Charadrius alexandrinus*, cope with heat stress during incubation. *Behavioral Ecology and Sociobiology,* 56 (1): 26 - 33.

AMAT J. A.; FRAGA R. M. et ARROYO, G. M., 1999 (a) - Replacement clutches by Kentish Plovers. *The Condor,* 101: 746-751

AMAT J. A.; FRAGA R. M. et ARROYO G. M., 1999 (b) - Brood desertion and polygamous breeding in the Kentish Plover *Charadrius alexandrinus*, *Ibis,* 141:596-607.

AMAT J. A.; FRAGA R. M. et ARROYO G. M., 2001 - Intraclutch egg-size variation and offspring survival in the Kentish Plover *Charadrius alexandrinus, Ibis,* 143 :17-23.

ANRAS L. ; BLACHIER PH. ; HUSSENOT J. ; LAGARDERE J-P. ; LAPOUYADE P. ; MASSE, J. ; POITEVIN B. et RIGAUD C., 2004 - Les marais sales atlantiques mieux connaître pour mieux gérer. *Cahier technique,* Rochefort, 76 p.

A.N.R.H., 1999 - Ressources en eaux de la wilaya d'Ouargla, 05 p.

BAGNOULS F. et GAUSSEN H., 1953 - Saison sèche et indice xérothermique. Doc. Carte des productions végétales, Toulouse, Vol. 1, art. 8, 47 p.

BARBAULT R., 1981 - Ecologie des populations et des peuplements. Ed. Masson. Paris. 200 p.

BARBRAUD C. et WEIMERRSKIRCH H., 2003 - Climate and density shape population dynamics of a marine top predator. *Proceedings of the Royal Society of London Series Biological Sciences,* 270: 2111--2116.

BARBOSA A. et MORINO E., 1999 - Evolution of foraging strategies in shorebirds: an ecomorfological approch, *The Auk,* 116(3): 712-725.

BEKKARI A. et BENZAOUI S., 1991 - Contribution à l'étude de la faune des palmerais de deux régions du Sud-est algérien (Ouargla et Djamaa). *Mém. Ing. Agro. Inst. Nati. Form. Sup. Agro. Sah.,* Ouargla, 134 p.

BEKKOUCHA B., 2002 - Inventaire qualitatif de l'Avifaune dans la région d'Ouargla. *Mém. Ing. Inst. Agro. Sah.,* Ouargla, 155 p.

BELLATRECHE M. et LELLOUCHI M., 2002 - Dénombrement de l'avifaune aquatique dans les principales zones humides de la Wilaya d'Ouargla. Lab. Rech. Conser. Ges. Améli. Ecosy. Fores, INA, Alger. 12p.

BENKHELIL M., 1992 - Les techniques de récoltes et de piégeages utilisées en entomologie terrestre. Ed. O.P.U., Alger, 68 p.

BENYACOUB S. et CHABI Y., 2000 - Diagnose écologique de l'avifaune du parc national d'El-Kala. *Synthèse* n° 7. *Rev. Scie. et Tech. Univ.* Annaba. 98p.

BERNARD F., 1968 - Les fourmis d'Europe occidentale et septentrionale. Ed. Masson et *Cie*, Paris, 411p.

BERGSTROM P. W., 1988 - Breeding biology of wilson's plovers (*Charadrius wilsonia*), *Wilson Bull.,* 100(1): 25-35.

BLONDEL J., 1975 - L'analyse du peuplement d'oiseaux, éléments d'un diagnostic écologique, I. La méthode des échantillonnages fréquentiels progressifs (E.F.P.). *Rev. Ecol. Anim. Terre et Vie*, 4 : 533-589.

BLONDEL J. et ARONSON J., 1999 - Biology and Wildlife of the Mediterranean Region. Ed. *Oxford Univ. Press.*, New York, 328 p.

B.N.E.D.E.R., 1992 - Etude du schéma directeur de développement et la mise en valeur dans la wilaya d'Ouargla, hydrogéologique, Tipaza, 23p.

BOLTON M., 1991 - Determinants of chick survival in the lesser black-backed gull: relative contributions of egg size and parental quality. *Jorn. Anim. Ecol.*, 60: 949-960.

BOUKHAMZA M., 1990 - Contribution à l'étude de l'avifaune de la région de Timimoun (Gourara): inventaire et donnée bioécologiques. *Thèse. Mag. Inst. Nat. agro.*, Alger, 117p.

BOUKHEROUFA M., 2001 - Rôle fonctionnel du maris du Mellah pour les oiseaux d'eau: caractérisation et analyse de la variation des paramètres de structure du peuplement. Mémoire., ing. Univ., Annaba, 54p.

BOURNERIAS M., 1984 - Guide des groupements végétaux de la région parisienne. Ed. Masson, Paris.

BOUZID A. H., 2003 - Bioécologie des oiseaux d'eau dans les chotts d'Aïn El Beïda et Oum Er-Raneb (Région d'Ouargla). *Thèse Mag. Inst. Nat. Agro.*, Alger, 136 p.

CAIRNS W. E., 1982 - Biology and behavior of breeding Piping Plovers. *Wilson Bulletin*, 94: 531-545.

CASTRO M.; ESCRIBANO I.; GAGO C.; LOZANO M. et OLIAS G., 2003 - Diet of Kentish Plover chicks in two salinas in Cadiz Bay Natural Park: do they show selection? *International Wader Study Group Annual Conference*, 69 p.

CHOPARD L., 1943 - Orthoptèroïdes de l'Afrique du Nord, Faune de l'Empire français I. Ed. Librairie La Rose, Paris, 450 p.

CHOPARD L., 1956 - Faune de France : Orthoptèroïdes. Ed. Lechevalier, Paris, 359 p.

COLWELL M.A. ; MILLETT C.B. ; MEYER J.J. ; HURLEY S.J. ; HOFFMANN A. ; NELSON Z. ; WILSON C. ; MCALLISTER S.E. ; ROSS K.G. et LEVALLEY

R.R., 2004 - Final report-2004- Snowy Plover breeding in coastal northern California, 18p.

COLWELL M.A.; NELSON Z.; MULLIN S.; WILSON C.; Mc ALLISTER S. E.; ROSS K. G. et LEVALLEY R.R., 2005 - Final Report-2005- Snowy Plover Breeding in Coastal Northern California, Recovery Unit 2, 11p.

DAJOZ R., 1982 - Précis d'écologie. Ed. Gauthier-Villars, Paris, 493 p.

DAOUD Y. et HALITIM A., 1994 - Irrigation et salinisation au Sahara algérien, *Sécheresse,* 5 (3): 151-160.

DAVIDSON N.C.; WEST R.; SCOTT D.; STROUD D.A.; HANSTRA L.; GANTER B. et DELANY S., 2002 - Status of migratory wader populations in Africa and Eurasia in the 1990s, *Bird Conservation International* XX, 163 p.

DE SOUZA J. A.; FAFIÁN J. M.; CAEIRO M. L.; VELASCO J. et MONTEAGUDO A., 1995 - Situación actual del Chorlitejo Patinegro (*Charadrius alexandrinus*) en Galicia: población nidificante y primeros datos sobre productividad, 95-113 pp.

DIERL W. et RING W., 1992 - Guide des insectes. Ed. Delachaux et Niestlé, Lausanne, 237 p.

Direction Générale des Forets (DGF), 2004 - Atlas IV des zones humides d'importance internationale. Ed. DGF, 107p.

DUBIEF J., 1963 - Le climat du Sahara. Ed. *Inst. Rech. Sah.*, Univ., Alger, T. II, 275 p.

DUBUIS A. et SIMONNEAU P., 1957 - Les unités phytosociologiques des terrains salés de l'Ouest Algérien. Bull. n° 3. Travaux des sections Pédologie et Agricole, Alger, 23 p.

DUTIL P., 1971 - Contribution à l'étude des sols et des paléosols du Sahara. *Thèse Doc.* D'Etat faculté des sciences de l'université de Strasbourg, 346 p.

ETCHECOPAR R. D et HÜE F., 1964 - Les oiseaux du nord de l'Afrique. Ed. N .Boubée et *Cie.*, Paris, 606 p.

FEENEY L.R. et MAFFEI W.A., 1991 - Snowy plovers and their habitat at the Baumberg area and Oliver salt ponds, Hayward, California, March 1989 through May 1990, Hayward, 162 p.

FELIX J., 1977 - Les oiseaux des mers et des rivages. Ed. Marabout, 189p.

FIGUEROLA J. et CERDA F., 1997 - La reproducció del Corriol Camanegre *(Charadrius alexandrinus)* al Delta del Llobregat durant el 1996. Generalitat de Catalunya (RRNN Delta del Llobregat, DARP), Barcelona, 18 p.

FIGUEROLA J., CERDA F., 1998 - Evolució i conservació de la població de Corriol Camanegre *(Charadrius alexandrinu*s) del delta del Llobregat. *Spartina,* 3:161-169.

FRAGA R. M. et AMAT J. A., 1996 - Breeding biology of a Kentish Plover *(Charadrius alexandrinu*s) population in an inland saline lake. *Ardeola,* 43: 69-85.

FUCHS E., 1975 - Observation sur les ressources alimentaires et l'alimentation des Bécasseaux variable, minute et cocorli (*Calidris alpina, minuta* et *ferruginea*) en Méditerranée, au passage et pendant l'hivernage. *Alauda,* 43 (1) : 55-69.

GALBRAITH H., 1988 - Effects of egg size and composition on the size, quality and survival of lapwing *Varzellus varzellus* chicks. J. Zool., 214:383-398.

GOCHFELD M., 1984 - Antipredator behavior: aggressive and distraction displays of shorebirds, *Shorebirds: breeding behavior and populations. Plenum Press, New York,* 289–369 pp.

GROSCLAUDE G., 1999 – L'eau, milieu naturel et maîtrise. Ed. INRA, Paris, Tome 1, 201p.

GROVER P. B. et KNOPF F. L., 1982 - Habitat requirements and breeding success of charadriiform birds nesting at Salt Plains National Wildlife Refuge, Oklahoma, *Journal of Field Ornithology* , 53: 139-148.

GUEZOUL O., 2002 - Contribution a l'étude de l'avifaune nicheuse de trois types de palmerais de la région d'Ouargla. *Mém. Ing. Agr. Saha,* Ouargla, 137 p.

HADJAIDJI-BENSEGHIR F., 2002 - Contribution à l'étude de l'avifaune nicheuse des palmeraies de la cuvette d'Ouargla. *Thèse Mag. Inst. Nat. Agro.*, El Harrach, 187 p.

HAIG S. M., 1992 - The Piping Plover (*Charadrius melodus*) The Birds of North America, Ed. Poole and Gill. The Academy of Natural Sciences, Philidelphia, Pennsylvania; *The American Ornithologists' Union,* Washington, D.C., 12p.

HAMDI-AÏSSA B., 2001 - Fonctionnement actuel et passé des sols du Nord du Sahara (cuvette d'Ouargla). Approches micromorphologique, géochimique et minéralogique et, variabilité spatiale. *Thèse Doc. Inst. Nat. Agro.* Paris-Grignon, 308 p.

HAUPT J., 2000 - Guide des mouches. Ed. Delachaux et Niestlé, Paris, 352 p.

HEIM de BALZAC M., 1924 - Contribution à l'ornithologie dans le Sahara septentrional en Algérie et Tunisie. Libr. Scient. Lechevalier, Paris, 112 p.

HEIM de BALZAC M., 1926 - Contribution à l'ornithologie dans le Sahara central et du Sud algérien. *Mém. Soc. Hist. Nat. Afr. Du Nord*, n° 1, 127 p.

HEIM de BALZAC M. et MAYAUD M., 1962 - Oiseaux du Nord-Ouest de l'Afrique. Ed. Lechevalier, Paris, 486 p.

HEINZEL H.; FITTER R. et PARSLOW J., 1995 - Oiseaux d'Europe, d'Afrique du Nord et du Moyen d'Orient. Ed. Delachaux et Niestlé, Lausanne, 384p.

HENRY C., 2001 - Biologie des populations animales et végétales. Ed. Dunod, Paris, 709 p.

HOFFMANN A., 2005 - Incubation behavior of female western snowy plovers *(charadrius alexandrinus nivosu*s) on sandy beaches. Master's Thesis, The Faculty of Humboldt State University, 56p.

HORSFALL J., 1984 - Food supply and egg mass variation in the European Coot. *Ecology*, 65 (1): 89-95.

HOTHEM R. L. et POWELL A-N., 2000 - Contaminants in Eggs of Western Snowy Plovers and California Least Terns: Is There a Link to Population Decline?. *Bull. Environ. Contam. Toxicol.*, 65 : 42-50.

IDDER M., 1992 - Aperçu biécologique sur Parlatoria blanchardi Targ., 1905 *(Homoptera diaspididae)* en palmerae à Ouargla et utilisation de son ennemi *Pharoscymnus semiglobosus* Koush. (Coleoptera, Coccinellidae) dans le cadre d'un essai de lutte biologique. *Thèse Mag. Inst. Nat. Agro.*, El Harrach, 102 p.

ISENMANN P. et MOALI A., 2000 - Oiseaux d'Algérie. Ed. Société d'étude des Oiseaux de France., Paris, 336p.

JENOUVRIER S., BARBRAUD C. et WEIMERSKIRCH H., 2003 - Effects climate variability temporal population dynamics southern fulmars. *Journal of Animal Ecology,* 72: 576–587

JOHNSON M. et ORING L.W., 2002 - Are Nest Exclosures an Effective Tool in Plover Conservation? *Waterbirds,* 25(2): 184-190.

KERSTEN M.; BRITTON R.H.; DUGAN P.J. et HAFNER H., 1991 - Flock feeding and food intake in Little Egrets: The effects of prey distribution and behaviour. *Jorn. Of Anim. Ecol.,* 60 : 241-252.

KIS J., 2003 - Parental behaviour of Kentish plover and northern lapwing. *PhD Thesis. Eötvös University.* Budapest,115 p.

KIS J. et SZEKELY T., 2003 - Sexually dimorphic breast-feathers in the Kentish plover *Charadrius alexandrinus. Acta Zool. Acad. Sci. Hungaricae,* 49(2): 103-110.

KOSZTLANYI A. et SZEKELY T., 2002 - Daily incubation routines of snowy plovers Kentish plover. *J. Field Ornithol.,* 73: 119-205.

KOSZTOLANYI A.; SZEKELY T. et CUTHILL I. C., 2003 - Why do both parents incubate in the Kentish Plover? *Ethology,* 109: 645–658.

LAFFERTY K.D., 2001 - Disturbance to wintering western snowy plovers. *Biological Conservation,* 101 : 315-325.

LAHLAH N., 2005 - Biologie de la reproduction des populations de l'Hirondelle des fenêtres (*Delichon urbica*) dans le Nord-Est algérien. *Mém. Mag. Uni., Annaba,* 57p.+ Annexes.
LARSEN T. et MOLDSVOR J., 1992 - Antipredator behavior and breeding associations of Bar-tailed Godwits and Whimbrels, *The Auk,* 109: 601–608.

LE BERRE M., 1989 - Faune du Sahara – Poissons, Amphibiens et Reptiles. Ed. Raymond Chabaud – Lechevalier, Paris, Vol. 1, 335 p.

LE BERRE M., 1990 - Faune du Sahara – Mammifères. Ed. Raymond Chabaud-Lechevalier, Paris, Vol. 2, 359 p.

LEDANT J.-P. ; JACOB J.-P. ; JACOBS J. ; MALHER F. ; OCHANDO B. et ROCHE J., 1981 - Mise à jour de l'avifaune algérienne, *Le Gerfaut-Giervalk,* 71 : 295-398.

LE HOUEROU H-N., 1995 - Bioclimatologie et biogéographie des steppes arides du Nord de l'Afrique « diversité biologique, développement durable et désertisation », Options méditerranéennes, série B, N°10, Montpellier, 396p.

MAIRE R. 1952 - Flore de l'Afrique du Nord., Paule le chevalier édite. Paris, Vol. I. 366p.

MAKARICK L., 1998 - Species Management Abstract, Snowy Plover *(Charadrius alexandrinus)*. *The Nature Conservancy,* Arlington, 7p.

MOSER M.E., 1986 - Breeding strategies of Peurple Herons in the Camargue, France. *Ardea,* 74: 91-100.

MOUSSAOUI R., 1997 - Contribution à l'étude du régime alimentaire de la Tourterelle sénégaliensis *(Streptopelia senegaliensis* L., 1758) dans la palmeraie de la cuvette d'Ouargla. *Mém. Ing. Agro. Inst. Nat. Form. Sup. Agro. Sah.,* Ouargla, 81 p.

MULLER Y., 1985 - L'avifaune forestière nicheuse des Vosges du Nord, sa place dans le contexte médio-européen. *Thèse Doct. Sci., Univ.* Dijon, 318p.

NOL E. et BROOKS R. J., 1982 - Effects of predator exclosures on nesting success of Killdeer. *Journal of Field Ornithology,* 53: 263-268.

Nothern Prairie Wildlife Research Center (NPWRC), 1998 - Habitat Use and Reproductive Success of WesternSnowy Plovers at New Nesting Areas Created for California Least Terns. 35 p.

Office National de Météorologie (ONM), 2003 - Données météorologiques d'Ouargla, 3p.

OULD EL HADJ M., 1991 - Bioécologie des sauterelles et des sautériaux dans trois zones d'études au Sahara. *Thèse Mag. Sci. Agro. Inst. Nat. Agro.,* El Harrach, 85 p.

OZENDA P., 1958 - Flore du Sahara septentrional et central. Ed. C.N.R.S., Paris, 486p.

OZENDA P., 1982 - Les végétaux dans la biosphère. Ed. DOIN, Paris, 431p.

OZENDA P., 1983 - Flore du Sahara. Ed. C.N.R.S., Paris, 625 p.

PAGE G.W. et STENZEL L. E., 1981 - The breeding status of the snowy plover in California. *Western Birds,* 12: 1 - 40.

PAGE G.W. et PERSONS P.E., 1995 - The snowy plover at Vandenberg Air Force Base: population size, reproductive success and management. Point Reyes Bird Observatory, Stinson Beach, CA., 24 p.

PAGE G.W.; STENZEL L. E. et RIBIC C. A., 1985 - Nest site selection and clutch predation in the Snowy Plover. *The Auk,* 102: 347-353.

PAGE G.W.; STENZEL L.E.; WINKLER D.W. et SWARTH C.W., 1983 - Spacing out at Mono Lake: breeding success, nest density, and predation in the snowy plover. *The Auk*, 100: 13-24.

PAGE G.W.; WARRINER J.S.; WARRINER J.C. et PATON P.W.C., 1995 - Snowy plover *(Charadrius alexandrinu*s).The Birds of North America, No. 154 (A. Poole and F. Gill, eds.). The Academy of Natural Sciences, Philadelphia, PA, and The American Ornithologists' Union, Washington, D.C., 24 p.

PATON P. W.C., 1994 - Survival estimates for snowy plovers breeding at Great Salt Lake, Utah. *The Condor*, 96:1106-1109.

PATON P.W.C., 1995 - Breeding biology of snowy plovers at Great Salt Lake Utah. *Wilson Bull.*, 107 (2): 275-288

PÉREZ-HURTADO A.; GOSS-CUSTARD J. D. et GARCIA F., 1997 - The diet of wintering waders in Cadiz Bay, southwest Spain. *Bird Study*, 44: 45-52.

PETERSON R. ; MOUNTFORT G. et HOLLOM P.A.D., 1972 - Guide des oiseaux d'Europe. *Ed.* Delachaux et Niestlé, Lausanne, 447p.

PINEAU O., 1994 - Biologie de la reproduction du Gravelot à collier interrompu *Charadrius alexandrinus,* dans l'Hérault. *Alauda*, 62 (1) : 36-37.

POWELL A-N., 1996 - Western snowy plover use of State-managed lands in southern California, 1995. Calif. Dep. Fish and Game, Wildl. Manage. Div., Bird and Mammal Conservation Program Rep. 96-03, Sacramento, CA., 14 p.

POWELL A-N., 2001 - Habitat characteristics and nest success of snowy plovers associated with California least tern colonies. *The Condor,* 103: 785- 792.

POWELL A-N. et COLLIER C.L., 2000 - Habitat use and reproductive success of western snowy plovers at new nesting areas created for California least terns. *Journal of Wildlife Management,* 64(1) : 24-33.

POWELL A-N.; COLLIER C.L. et PETERSON B., 1996 - The Status of western snowy plovers *(Charadrius alexandrinus nivosus)* in San Diego County. Report to U.S. Fish and Wildlife Service, Portland OR, and CA DFG, Sacramento, CA., 28p.

POWELL A-N.; TERP J.M.; COLLIER C.L. et PETERSON B.L., 1997 - The status of western snowy plovers *(Charadrius alexandrinus nivosu*s) in San Diego County, 1997. Report to the California Department of Fish and Game, Sacramento, CA, and U.S. Fish and Wildlife Service, Carlsbad, CA, and Portland, OR., 34 p.

PIERSMA T., 1996 - Family Charadriidae (Plovers). *Handbook of the Birds of the World*. Ed. Lynx, Barcelona, 3: 384-409.

RAMADE F., 1984 - Elément d'écologie (Ecologie fondamentale). Ed. Mc Graw-Hill, Paris, 397p.

RICKLEFS R. E., 1984 - The optimisation of growth rate in altricial birds. *Ecology*, 65: 1602-1616.

RICKLEFS R. E.; HAHN D.C. et MONTEVECCHI W. A., 1978 - The relationship between egg size and chick size in the Laughing Gull and Japanese Quail. *Auk*, 95: 135-144.

ROBERT P., 2001 - Les insectes. Ed. Delachaux et Niestlé, Lausanne, 61 p.

ROUVILLOIS-BRIGOL N., 1975 - Le pays d'Ouargla (Sahara algérien), Variation et organisation d'un espace rural en milieu désertique. Ed. *Publications Univ.* France, Paris, 316p.

SALATHE T., 1986 - Habitat use by coots nesting in Mediterranean wetland. Wildfowl, 37:163-171.

SANCHEZ-RODRIGUEZ J.F., 2002 - Informe del seguimiento faunístico octubre 2000 - septiembre 2001 proyecto life "humedales de villacañas". *Agrupación Naturalista Esparvel*. 75p.

SANTOS C.P., 1996 - Abandono dos campos agrícolas esuas implicações nas comunidades de aves nidificantes. *Ciência e Natureza*, 2: 95-102.

SANDERCOCK B. K.; SZEKELY T. et KOSZTOLANY A., 2005 - The effects of age and sex on the apparent survival of Kentish plovers breeding in southern Turkey. *The Condor*, 107: 582–595.

S.C.R. (Secrétariat de la Convention de Ramsar), 2004 - Guide de la Convention sur les zones humides (Ramsar, Iran, 1971), 3e éd. Gland, Suisse. 72p.

SEGGAÏ M.M., 2004 - Contribution à l'étude d'un système d'épuration à plantes Macrophytes pour les eaux usées de la ville d'Ouargla. *Mém. Mag. Inst. Univ.*Ouargla, 64 p.

SEGUY E., 1934 : Faune de France. Vol. 28 - Diptères (Brachycères) (Muscidae, Acalypterae et Scatophagidae). Ed. Librairie de la faculté des sciences, Paris, 832 p. + planches.

SHIPLEY F.S., 1984 - The 4-egg clutch limit in the Charadrii: an experiment with American avocets. Southw. Nat., 29:143-147.

SITE 1: yvon.toupin.oiseaux.net/gravelot.a.collier.interrompu.1.html

SITE 2 : www.oiseaux.net/photos/philippe.pulce/gravelot.a.collier.interrompu.1.html

SZEKELY T., et LESSELLS C. M., 1993 - Mate change by Kentish Plovers *(Charadrius alexandrinus)*. *Ornis. Scandinavica,* 24: 317-322.

SZEKELY T.; KOZMA J. et PITI A., 1993 - The Volume Of Snowy Plover Eggs. *Jorn. Field Ornithol,* 65(1) : 60-64.

SZEKELY T.; KARSAI I. et WILLIAMS T.D., 1994 - Determination of clutch size in the Kentish plover *(Charadrius alexandrinus)*. *Ibis,* 136: 341-348.

SZEKELY T.; CUTHILL I. C, et KIS J., 1999 - Brood desertion in Kentish plover: sex differences in remating opportunities. *Behav. Ecol.,* 10 (2): 185-190.

SZEKELY T.; INNES C.; CUTHILL I. C.; YEZERINAC S.; GRIFFITHS R. et KIS J., 2004 - Brood sex ratio in the Kentish plover. *Behavioral Ecology,* 15 (1): 58–62.

STENZEL L.E.; PEASLEE S.C. et PAGE G.W., 1981 - The Breeding Status of the Snowy Plover in California. II. Mainland Coast. *Western Bird,* 12: 6–16.

STENZEL L.E.; WARRINER J.C.; WARRINER J.S.; WILSON K.S.; BIDSTRUP F.C. et PAGE G.W., 1994 - Long-distance breeding dispersal of snowy plovers in western North America. *Journal of Animal Ecology,* 63: 887-902.

STEVENSON I. R. et BRYANT D.M., 2000 - Avian phenology : Climate change and constraints on breeding. *Nature,* 406(6794):366-367.

TACHET H. ; RICOUX P. ; BOURNAUD M. et USSEGLIO-POLATERA P., 2000 - Invertébrés d'eau douce (systématique, biologie, écologie). Ed. C.N.R.S., Paris, 588p.

TAD, 2002 - Etude d'un plan de gestion de la zone humide de Aïn El Beïda. Phase III. Plan de gestion. *Conservation des forêts Ouargla,* 75p.

TALMAT N. ; BAZIZ B. et DOUMANDJI S., 2004 - Régime alimentaire du Goéland leucophée *Larus michahellis* Naumann, 1840 (Aves, Laridae) à Tigzirt (Tizi ouzou). *Ornith. Algir.,* 4 (1) :17-24.

TAMISIER A., 1970 - Signification du grégarisme diurne et de l'alimentation nocturne des Sarcelles d'hiver *(Anas crecca* L.). *La terre et la vie,* 4 : 511-562.

TAMISIER A., 1971 - Régime alimentaire des Sarcelles d'hiver (*Anas crecca* L.) en Camargue. *Alauda*, 34 (4): 261-311.

THE NATURE CONSERVANCY, 1998 - Species Management Abstract Snowy Plover *(Charadrius alexandrinus)*. California, 7p.

TINBERGEN N.; IMPEKOVEN M. et FRANCK D., 1967 - An experiment on spacing-out as a defense against predation. *Behaviour*, 28:307–321.

TORRE I. et BALLESTEROS A., 1994 - Variabilidad en el tamaño del huevo del Chorlitejo Patinegro *Charadrius alexandrinus* en el Delta del Llobregat. *Butlletí del Grup Català d'Anellament*, 11:89-92.

TUCKER M.A. et POWELL A.N., 1999 - Snowy plover diets in 1995 at a coastal southern California breeding site. *Western Birds*, 30: 44-48.

U.S.F.W.S. (U.S. FISH and WILDLIFE SERVICE), 1993 - Endangered and threatened wildlife and plants; determination of threatened status for the Pacific coast population of the western snowy plover; final rule. *Federal Register*, 58(42):12864-12874.

U.S.F.W.S. (U.S. FISH and WILDLIFE SERVICE), 2001 - Western Snowy Plover (*Charadrius alexandrinus nivosus*) Pacific Coast Population Draft Recovery Plan. Portland, Oregon, 63 p.

VALLE R. et SCARTON F., 1999 - Habitat selection and nesting association in four species of Charadriiformes in the Po Delta (Italy). *Ardeola*, 46(1): 1-12.

VILLIERS A., 1977 - Atlas de Hémiptères, Ed. N. Boubée, Paris.

WARRINER J.S.; WARRINER J.C.; PAGE G.W. et STENZEL L.E., 1986 - Mating system and reproductive success of a small population of polygamous snowy plovers. *Wilson Bulletin*, 98(1):15-37.

W. P.E. (Water bird Population Estimates), 1999 - 3rd Edition: *Plovers*, 158-164 pp.

WEESIE D. M., 1996 - Les oiseaux d'eau du Sahel Burkinabé, peuplement d'hiver, capacité de charge des sites. *Alauda*, 64 (3): 307 – 332.

WIDRIG R.S., 1980 - Snowy plovers at Leadbetter Point: An opportunity for wildlife management? Prepared for the U.S. Fish and Wildlife Service, Willapa NWR, Ilwaco, WA. 14 p.

WIERSMA P., 1996 - Species accounts (Charadriidae). *Handbook of the Birds of the World. Vol. 3.* Ed. Lynx, Barcelona. 410-442 pp.

WILLIAM C. et BRIDGES J.R., 1995 - Habitat-related factors affecting the distribution of nonbreeding American avocets in coastal south Carolina. *The condor*, 97:68-81.

WILSON R.A., 1980 - Snowy plover nesting ecology on the Oregon coast. *MS. Thesis*, Oregon State University, Corvallis, 41p.

ANNEXES

Photo. 1 : *Vue panoramique du Chott Ain El Beida avec la palmeraie d'El Chott.*

Photo. 2 : *Regroupement du Flamant rose dans le Chott Ain El Beida.*

Les deux sexes du Gravelot à collier interrompu, les nids ouverts ou abrités sous la végétation, son œuf et ses poussins nidifuges et l'incubation des deux parents sont illustrés dans les photos suivantes.

Photo.3 : *Male de Charadrius alexandrinus*
Source : *http://yvon.toupin.oiseaux.net/gravelot.a.collier.interrompu.1.html*

Photo.4 : *Femelle de Charadrius alexandrinus*
Source : *http://www.oiseaux.net/photos/philippe.pulce/gravelot.a.collier.interrompu.1.html*

Photo. 5 : *Nid de Gravelot sous une touffe de Salicorne (originale)*

Photo. 6 : *Un nid de Gravelot à coté d'un microrelief (originale)*

Les photos suivantes regroupent les types de nids du *Charadrius alexandrinus* et leurs supports ainsi que la zone la plus fréquentée pour son alimentation.

Photo.7: *Nid construit de coûte de sel*

Photo.8: *Nid construit de Salicorne*

Photo.9: *Nid mixte de coûte de sel et de fragment de Salicorne*

Photo.10: *Nid mixte de coûte de sel, salicorne et de plumes*

Photo.11: *Types de support de nids. (à droit encroûtement, à gauche plage)*

Photo.12: *Laisse du retrait de l'eau*

Les données bibliographiques concernant les mensurations des nids, la durée d'incubation, les facteurs d'échec de la reproduction et les caractères morphométriques du Gravelot à collier interrompu dans différentes régions sont regroupées dans les tableaux 27, 28, 29 et 30.

Tableau 27 : *Données bibliographiques des mensurations des œufs*

Auteurs	n	Longueur (mm)	Largeur (mm)	Poids (g)
Amat *et al.*, 2001 (Espagne)	261	32 ± 0,07 28,4-35,3	23,4 ± 0,04 21,4 -25,3	9,1 ± 0,07 7,6-10,8
Torre et Ballesteros, 1994 (Espagne)	41	31,8 ± 0,03	23,3 ± 0,01	-
Mestre, 1980 *in* Amat (2003) (Espagne)	156	moy =32,6 38,4 - 35	moy =23,3 26,6 - 29,0	-
Powell, 1996 (USA)	40 12 31	27 ± 0.7 30 ± 0.0 28 ± 0.4	-	-
AGFD, 2002 (USA)	-	31	-	-
Présente étude (Ouargla)	586	32,2 ± 1, 1 (22,6-36)	23,1 ± 0,8 (21-33,2)	8.51 ± 0.93 (6 – 12)

Tableau 28 : *Données bibliographiques sur la durée d'incubation du Gravelot à C.I.*

Auteurs	Durée d'incubation	Remarques
WARRINER *et al.* 1986 (USA)	26 à 31 jours (moy.= 27 jours)	Les deux sexes font l'incubation, la femelle tend à incuber durant le jour et le male la nuit
FRAGA et AMAT, 1996 (Espagne)	27 jours	A partir du 3ème œuf
LIKER ET NOSZÁLY *in* KIS, 2003 (Hongrie)	26 ± 0.4 jours, $n = 37$	-

PAGE et al. 1995 (USA)	26-32 jours	-
The Nature Conservancy, 1998 (USA)	24 à 27 jours	Incubation par les deux sexes
Présente étude	28 ± 1.1 jours, n=175 (24-31)	Les deux parents incubent à partir du 2ème ou 3ème œuf.

Tableau 29 : Distribution des différentes causes d'échec de la reproduction dans le Chott Ain El Beida

Type	Fréquence	Dates caractéristiques	Pourcentage
Prédation avienne	36	6 avril-3 mai	44.44
Vandalisme	3	6 - 7 avril	3.70
Œuf échoué	16	Toute la saison	19.75
Œuf stérile	9	Toute la saison	11.11
Remontée des eaux	9	16 mai- 1 juin	11.11
Abandonné	8	Toute la saison	9.88

Tableau 30: Données bibliographiques des caractères morphométriques du Gravelot

Paramètre \ Ages	Poids (g)	Bec total (mm)	Tarsométatarse (mm)	Aile (mm)
A l'éclosion	6,4 ±0,04, n=219	6,9±0,03 n=220	19,3±0,05 n=220	-
1-3 (jour)	6,2±0,13 n=23	7,2±0,13 n=23	19,9±0,22 n=22	-
4-10 (jour)	7,6±0,30, n=49	8,5±0,10 n=49	21±0,15 n=49	-
11-15 (jour)	15,5±1,48 n=7	11,2±0,40 n=7	24,3±0,52 n=7	26±3,02 n=3

16-20 (jour)	21,0±1,26 n=10	11,8±0,41 n=10	25,8±0,41 n=10	43±3,37 n=9
21-25 (jour)	25,3±1,75 n=3	12±0,37 n=3	26,5±1,14 n=3	49±3,79 n=3
>25 (jour)	28,4±1,02 n=7	12,9±0,23 n=7	27,9±0,46 n=7	72,9±1,91, n=7
Adulte (Fraga et Amat, 1996)	♂41,9±0,12 n=634 ♀42,1±0,12 n=699	♂15±0,03 n=638 ♀15±0,03 n=709	♂29,2±0,04 n=634 ♀28,7±0,04 n=709	♂111,1±0,12 n=638 ♀111,1±0,11 n=709

Les photos suivantes montrent la croissance des poussins du Gravelot à collier interrompu à partir de la phase d'éclosion jusqu'à l'envol.

Photo 13 : *Eclosion des oeufs de G.C.I.*   ***Photo 14 :****Poussin de quelques heures*

Photo 15 : *Poussin de 10 jours*   ***Photo 16 :*** *Poussin de 25 jours*

Planche A : *Croissance des poussins du Gravelot à collier interrompu (photos de 13 à 16)*

i want morebooks!

Buy your books fast and straightforward online - at one of world's fastest growing online book stores! Environmentally sound due to Print-on-Demand technologies.

Buy your books online at
www.get-morebooks.com

Achetez vos livres en ligne, vite et bien, sur l'une des librairies en ligne les plus performantes au monde!
En protégeant nos ressources et notre environnement grâce à l'impression à la demande.

La librairie en ligne pour acheter plus vite
www.morebooks.fr

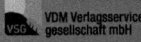 VDM Verlagsservicegesellschaft mbH
Heinrich-Böcking-Str. 6-8
D - 66121 Saarbrücken

Telefon: +49 681 3720 174
Telefax: +49 681 3720 1749

info@vdm-vsg.de
www.vdm-vsg.de

Printed by Books on Demand GmbH, Norderstedt / Germany